国家职业技能等级认定培训教材
国家基本职业培训包教材资源

家政服务员

（基础知识）

本书编审人员

主　编　王怡然
编　者　王　君　王怡然　周秋芳　王　方　陈珊玲
　　　　刘冬红
主　审　陈　恒
审　稿　陈　恒　王雅轩

中国人力资源和社会保障出版集团
中国劳动社会保障出版社　中国人事出版社

图书在版编目（CIP）数据

家政服务员：基础知识 / 人力资源社会保障部教材办公室组织编写. -- 北京：中国劳动社会保障出版社：中国人事出版社，2020

国家职业技能等级认定培训教材

ISBN 978-7-5167-4240-2

Ⅰ. ①家…　Ⅱ. ①人…　Ⅲ. ①家政服务－职业技能－鉴定－教材　Ⅳ. ①TS976.7

中国版本图书馆 CIP 数据核字（2020）第 062181 号

中国劳动社会保障出版社
中　国　人　事　出　版　社　**出版发行**

（北京市惠新东街 1 号　邮政编码：100029）

*

北京市艺辉印刷有限公司印刷装订　新华书店经销

787 毫米 ×1092 毫米　16 开本　13.5 印张　208 千字

2020 年 6 月第 1 版　2024 年 11 月第 5 次印刷

定价：36.00 元

营销中心电话：400-606-6496

出版社网址：http://www.class.com.cn

http://jg.class.com.cn

前　言

为加快建立劳动者终身职业技能培训制度，大力实施职业技能提升行动，全面推行职业技能等级制度，推进技能人才评价制度改革，促进国家基本职业培训包制度与职业技能等级认定制度的有效衔接，进一步规范培训管理，提高培训质量，人力资源社会保障部教材办公室组织有关专家在《家政服务员国家职业技能标准》（以下简称《标准》）和国家基本职业培训包（以下简称培训包）制定工作基础上，编写了家政服务员国家职业技能等级认定培训系列教材（以下简称等级教材）。

家政服务员等级教材紧贴《标准》和培训包要求编写，内容上突出职业能力优先的编写原则，结构上按照职业功能模块分级别编写。该等级教材共包括《家政服务员（基础知识）》《家政服务员（初级）》《家政服务员（中级）》《家政服务员（高级）》《家政服务员（技师）》5本。《家政服务员（基础知识）》是各级别家政服务员均需掌握的基础知识，其他各级别教材内容分别包括各级别家政服务员应掌握的理论知识和操作技能。

本书是家政服务员等级教材中的一本，是职业技能等级认定推荐教材，也是职业技能等级认定题库开发的重要依据，已纳入国家基本职业培训包教材资源，适用于职业技能等级认定培训和中短期职业技能培训。

本书在编写过程中得到中国就业培训技术指导中心、北京家政服务协会、北京市朝阳区家庭服务业协会、北京中青家政有限公司、北京市朝阳区中管职业技能培训学校、国开文化传播（北京）有限公司等单位的大力支持与协助，在此一并表示衷心的感谢。

人力资源社会保障部教材办公室

目　录 CONTENTS

职业模块 1 职业道德和职业守则

内容结构图

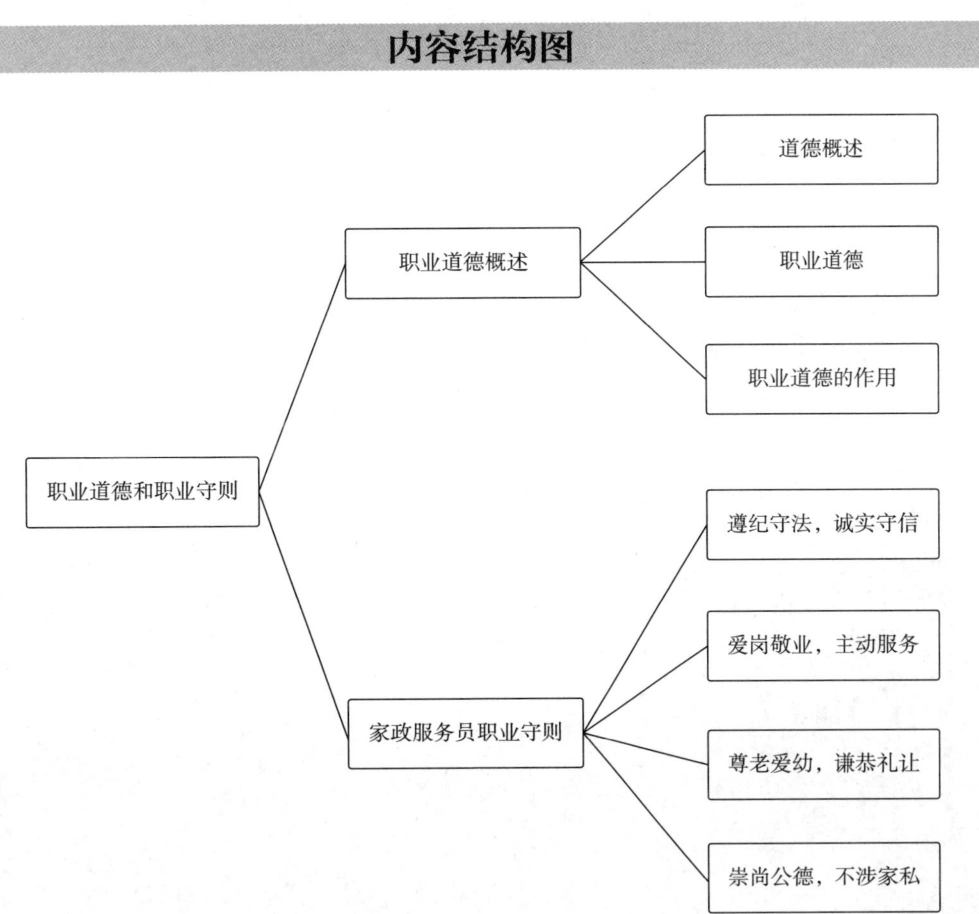

培训课程 1 职业道德概述

一、道德概述

道德是人们对于自身所依存的社会关系的一种自觉反映形式，是依靠教育、舆论和人们内心信念的力量，来调整人们相互之间的观念、原则、规范、准则等的总和。道德的性质、作用和发展变化都与一定的社会基础相适应。因此，不同的历史发展阶段，基于不同的生产力水平而形成的不同性质的生产关系，产生了不同的道德类型。

1. 道德的含义

道德是思想意识和行为规范问题，属于上层建筑。道德是任何人都要懂得并需要具备的基本素质。我国是社会主义国家，社会主义国家要求用社会主义道德观培养、塑造每一个公民。

社会主义道德是以社会公德、职业道德、家庭美德、个人品德等具体形式体现的，其中，社会公德是个人道德修养和社会文明程度的集中表现，家庭美德是社会和谐的基础。家政服务员是料理家务、照护家庭成员、管理家庭事务的人员，不仅要有一定的技术技能，以满足雇主家庭生活的需求，还必须有较高的道德修养、职业道德和个人品德。

2. 道德的特点

在日常生活中，人们经常说这种行为是高尚的，那种行为是卑鄙的；这个人诚实、品质好，那个人虚伪、品质差。用高尚、卑鄙、诚实、虚伪之类的概念评价人的某些行为和思想就是道德评价。例如，老年人乘坐公交车时，有的人赶快起身让座，有的人视而不见，闭上眼睛装睡。对此，大家的评价是：前者是具有尊老、爱老良好道德修养的人，而后者则是缺少道德修养的人。由此说明，道德的构成有两个：一是道德观念，即思想意识中的东西；二是行为规范，即在一定道德观念指导下的具体行为准则。

3. 道德的作用

概括地说，道德既是根据一定的行为规范和规则，对人的思想和行为作出善恶荣辱等方面评价的方式，又是衡量一个人品德好坏的客观标准。道德问题是人们在社会生活中随时都会遇到的问题。正确的道德观念对于协调人与人之间的关系、维持社会生活的稳定和促进人类文明的发展具有重要作用。人类的道德有一个形成和发展的过程。早在原始社会，在国家和法律还没有出现以前，人与人之间的关系就是靠以风俗习惯为主要内容的原始道德加以调整的。随着社会的发展，公共生活的规模越来越大，人与人之间的交往也越来越多，这就需要在整个社会中形成明确的善恶标准，用以引导和约束人们的社会行为，协调人与人之间的关系。这时，以确定的权利义务观念和具体的行为规范为特征的道德，逐渐成了社会生活中不可缺少的东西。

二、职业道德

通常所说的职业道德是指不同行业的人在自己的职业活动中所遵循的行为准则，即一个人在其职业生活实践中，应当遵循的道德准则与规范，以及与之相适应的道德观念、情操和品质。职业道德是社会道德的重要组成部分，它具有以下几个特点。

1. 稳定性和连续性

职业道德的内容往往表现为某一职业所特有的道德传统和道德准则。一般来说，职业道德所反映的是本职业的特殊利益和要求，而这些要求是在长期的反复的特定职业社会实践中形成的，有些还是独具特色、代代相传的。

不同的民族有其特有的生活方式，特定职业也有其特定的从业方式。这种由不同从业方式、不同生活方式长期积累逐渐形成的相对稳定的职业心理、道德传统、道德观念，以及道德规范、道德品质，构成了相对连续和稳定的职业道德。例如，医生的宗旨是救死扶伤，军人要服从命令，商人则要诚信无欺，教师要为人师表，领导应以身作则，等等，这些均是约定俗称的社会共识，已流传上千年。

一般来说，进入某个行业，从事某一职业，先要学习掌握这一职业的道德，要遵守行约、行规。只有认真、模范地遵守这一职业道德的人，才有可能成为这一职业中的优秀人才。家政服务业既是一个传统行业，又是一个新兴行业，是近些年随着人们生活水平不断提高，需求不断加大，而迅速发展起来的。家政服务员作为新的职业，其职业道德、职业理念有一个创建的过程，应为创建被社会认可的职业道德而努力。

2. 专业性和有限性

道德是调节人与人之间关系的价值体系。鉴于职业的特点，职业道德调节的范围主要限于本职业的成员，而对于从事其他职业的人就不一定适用。这就是说，职业道德的调节作用：一是调节从事同一职业人员的内部关系，二是调节本职业从业人员与其服务对象之间的关系。

3. 多样性和适用性

由于职业道德是依据本职业的业务内容、活动条件、交往范围，以及从业人员的承受能力而制定的行为规范和道德准则，因此，职业道德是多种多样的，有多少种职业就有多少种职业道德。但是，每种职业道德又必须具有具体、灵活、多样的特点，以便从业人员记忆、接受和执行，并逐渐形成习惯。家政服务是一个特殊的行业，它的服务场所不是在公共场合，而是在雇主的家里。家庭是一个私密的空间，一个外人进入该家庭中从事家政服务工作，就要有其特殊的职业道德规范，而且必须严格遵守。

三、职业道德的作用

职业道德在每个人的职业生涯中均有着极其重要的意义。随着社会主义市场经济的发展，道德教育问题已成为国家和社会十分关注的重要问题。每一个中国公民均要紧密结合发展社会主义市场经济的新要求，努力加强社会主义道德教育，不断提高思想道德素质。

提高思想道德素质是提高职业道德的前提，对进入家政服务员职业的新人来说，只有懂得思想道德教育的重要性，才能进一步懂得职业道德在职业生涯中的重要性。

思想道德教育之所以重要，是因为在社会生活中，为了共同的生活需要，每个人都应对自己的行为加以必要的限制和约束。

道德和法律都是上层建筑的组成部分，是维护社会秩序、规范人们思想和行为的重要手段。法律及各种行政措施、规章制度，对人加以限制和约束是强制性的，违反限制和约束的人要受到批评、惩罚和制裁；而道德对人的限制和约束则是通过社会舆论和每个人自己的内在信念共同起作用。道德教育的内容包括培养、提高个人道德品质，树立人对于善恶的内在信念，以及使人们正确认识和处理各种利益关系，而不做有损社会和他人的事。因此，道德教育是社会主义精神文明建设的重要组成部分，是规范人们思想行为的重要手段。职业道德在人们的职业生涯中的重要性，就在于它在人的职业生活中进行了道德规范。

社会的道德观念是随着人类社会物质生活条件的变化而不断发展变化的。当前，我国现实生活中涉及的伦理道德问题很多，这是因为我国是一个有着悠久历史和灿烂文化的文明古国，有着许多优秀的道德传统，但也有不少封建道德糟粕。在改革开放的大潮中，外来文化与传统文化有融合和吸收，但也有冲击和碰撞。因而，许多人在什么是社会主义的道德标准问题上，思想有一些混乱，急需加强道德教育。社会应以正确的社会主义道德准则教育、引导全体公民。

随着当代社会文明的发展，人们越来越关心自身的道德修养。道德修养是个人修养的核心。但是这种观念的形成并不是自然而然的，而是要进行反复的道德教育。

家政服务员是进入雇主家庭料理家务、照护家庭成员、管理家庭事务的人员，这一职业要求从业人员必须具有较高的职业道德素养。由于家政服务员职业的特殊性，从家庭伦理需要出发，家政服务员必须与被服务家庭成员共同努力，相互融合，学习掌握家庭特点，协调好家庭关系，做好家庭事务管理，创建家庭美德。与此同时，社会群体也应持正确、包容的心态看待家政服务员，尊重、互敬地对待家政服务员，减少对家政服务员认识上的误区，如不能把家政服务员职业看成伺候人的工作，觉得低人一等、没面子。这种观念不仅会阻碍社会服务行业的发展，也会影响家政服务员职业道德水平的提高。除此之外，也要加强家政服务员的思想道德教育，用社会主义职业道德观念规范家政服务员的道德理念和职业行为。

1. 进入雇主家庭，为雇主家庭生活服务

家政服务员是从自己家庭走出来，进入另外一个家庭即雇主家庭中，角色由自我家庭的一员转换为职业人。这一角色的转换是否成功，取决于家政服务员对家庭美德的认知，这对家政服务员进入雇主家庭之后的角色转换、角色定位、服务质量影响很大。家政服务员在所服务的雇主家庭中处于比较特殊的地位，既是家庭成员又不是家庭成员，所以对雇主家庭应有更多的认识，更深刻地了解家庭美德的重要意义，并且身体力行，做创建家庭美德的积极参与者和传导者，不能做家庭美德的破坏者。

2. 关心雇主家庭成员，协调好家庭人际关系

家庭是以婚姻关系为基础，以血缘关系为纽带，有共同经济生活的社会基本组织单位。家庭中人与人的关系是一种特殊的社会关系，家政服务员进入家庭，协调、处理好自己与雇主家庭成员的关系十分重要。协调好家庭人际关系是家政服务员职业道德的体现，也是其能否做好家政服务员职业的根本。

（1）尊重雇主，服务家庭，为协调好家庭关系努力

家政服务员自进入雇主家庭开始，就要同家庭中的每个成员打交道，与雇主家庭建立良好的人际关系。

首先，家政服务员要摆正自己的心态。家政服务员是为雇主家庭提供服务的工作人员，是服务工作的执行者，不是雇主家庭成员。家政服务员和所服务家庭的家庭成员，在人格上是完全平等的。但是家政服务员在雇主家的位置比较特殊，既要有主人翁的责任感，又要有服务者的身份意识。

其次，家政服务员和雇主家庭是“你有所需、我有所助”的工作关系，是平等互助的。家政服务员在工作期间不需要低声下气、唯命是从，但是也不能喧宾夺主、随心所欲，不能看到雇主干什么自己也要干什么，要时刻警醒自己是职业家政服务员，必须认真工作。

再次，家政服务员是进入家庭从事服务工作的职业人，工作的同时必须尊重所服务家庭的习惯和习俗，并尽力满足雇主合理、合法的家庭服务需求。

最后，家政服务员应尊重雇主及其关联成员。在家庭中不仅有男、有女、有老、有少，还有角色的区别，公公、婆婆、儿子、儿媳、孙子、孙女，以及来往的亲朋好友。家政服务员进入雇主家庭提供家政服务，要在职业情感方面与雇主家庭成员相互融合，积极地处理好与雇主家庭中每个人的关系；这既是

做好家政服务工作的需要，也是家政服务员职业道德的体现。

总之，家政服务员在从事家政服务工作的同时还要与雇主家人朝夕相处，事实上已成为这个家庭在一定时期内共同生活的准成员。这一特定的身份决定了家政服务员在许多场合应去除“外来人”心理，但又不能把自己不当“外人”。家政服务员要时刻记住：“雇主家只是你工作的场所，而不是真正意义上自己的家。”

（2）家政服务员的工作是为雇主服务，工作过程就是与人相处的过程

雇主是家政服务员职业道德、劳动态度、服务质量的直接评判者。家庭是千姿百态的，有很强的个性，对家政服务员服务的需求是各种各样的。在家庭生活中，人与人的关系有浓厚的人情味和道德关系。

家政服务员在进入雇主家庭工作之后，工作态度要和蔼可亲，对待雇主家庭成员要热情友好，尊重雇主，对自己的工作要尽心尽力、忠诚本分。这样，工作就可以得到雇主的认可，家政服务员本人也能够取得雇主的信任。尊重雇主可换来相互尊重，热情友好将增进同雇主家庭成员的友谊，和蔼可亲会使家庭成员增加对你的亲切感，忠诚本分会增加家政服务员的可信度。家政服务员在为雇主家庭服务时要充分发挥和展现这些优秀品质，并有效保持工作热情和优秀品质，成为优秀的家政服务员。

（3）加强个人道德修养，增强自身职业素养

在家庭中，平等关系必须建立在相互尊重的基础上。家政服务员自进入雇主家庭开始，就要与雇主家庭中的每个成员打交道，要同这个家庭建立起良好的人际关系，这是做好家政服务工作的基础。

家政服务员必须加强个人道德修养，使自我更完善，这样才能真正实现家政服务员的职业道德。个人道德修养的内涵非常丰富，而且因人而异。我国历来重视个人的道德品质修养——“修身，齐家，治国，平天下”，其中“修身”是一个人成家、立业、报效国家的基础。也可以说，道德品质修养是做人的根本。有关个人品德修养的理论、方法，从古至今有千千万万；但是，每个人有每个人的不同体会。个人品德修养体现在家政服务员的职业行为中，是衡量家政服务员工作质量的重要标准。家政服务员要根据自己的条件和所处的地位、环境以及承担的角色规范自己，不断地加强个人道德品质修养，增强自身职业素养。

3. 掌握雇主家庭服务需求，做好家政服务工作

家政服务员进入雇主家庭提供服务，是提高雇主家庭生活质量的职业人，要清醒地认识并掌握自己的工作内容、工作范围、工作方法与注意事项。

（1）料理家庭事务

1）洗烫衣物。家政服务员要能够为雇主家庭洗涤、熨烫、收纳、保养常见衣物。

2）家居清洁。能够清洁居室，清洁、养护家居用品，美化家居环境。

3）家庭烹饪。家政服务员要能够采买烹饪原材料及日常生活用品，能够加工、烹制家庭膳食。

（2）照护家庭成员

照护家庭成员是家政服务员的工作内容之一，家政服务员不但要能够照护雇主家庭成员的衣食住行，还应掌握部分专项服务技能。

1）照护孕妇、产妇与新生儿。家政服务员应掌握孕妇、产妇与新生儿的照护技能，能够为孕妇、产妇与新生儿提供起居生活照护、营养饮食配制、新生儿喂养等专业服务。

2）照护婴幼儿。家政服务员要能够为婴幼儿提供起居生活照护、营养饮食配制、婴幼儿喂养、婴幼儿早期教育等服务。

3）照护老年人或病人。家政服务员要能够为老年人或病人提供起居生活照护、营养饮食配制、半自理老年人或病人的生活护理等服务。

（3）管理家庭事务

1）经济管理。经济是家庭生活的物质基础。在家庭中经济管理首先是财务管理，但是家政服务员只是家庭财务工作的执行者。家政服务员参与的家庭经济管理主要是管理日常收入和消费。

①收支管理。量入为出，正确而有效地用钱、用物。

②日常采买。避免盲目性消费、积压性消费、有害性消费。

③节俭财物。在雇主家庭经济管理上，雇主处于主导地位，家政服务员可以协助雇主量入为出，计划理财；在日常家政服务过程中要保持节俭，注意节约用水、节约用电。

2）家庭事务管理。家庭事务管理主要是指家务劳动的管理。在家庭中家务劳动十分重要，家务劳动是道德情操的启蒙老师，是培养家人之间相互关心、

亲密合作的学校。做家务也是一种乐趣和享受，它可以调剂生活，增进家庭和睦，增加家庭欢乐气氛，还能培养下一代独立生活的能力和劳动习惯。家政服务员职业内容之一就是家务劳动，在家务劳动中可以很好地协调家庭内部人际关系，发挥家务劳动的特有功能，创造优异的工作业绩。

3）生活管理

①物质生活管理。物质生活管理包括家庭中衣、食、住、行的管理，以及家庭保健、卫生、安全等。一般来说，物质生活管理是提高家庭生活质量的主要内容。

②精神文化生活管理。精神文化生活管理包括家庭教育、文娱、体育、旅游、休闲活动安排等。家政服务员不仅要掌握生活管理的技术、技能、技巧，以满足家庭生活质量需要，还要掌握精神文化生活管理知识与技能，以提升雇主的精神与文化生活质量。

上述的这些管理是家庭生活的基本内容，是家庭成员要共同努力合作完成的。家政服务员作为雇主家庭中的准成员，其在家庭中的角色和地位要由所承担的主要任务、服务的主要对象以及服务质量来决定。家政服务员的职责是根据家庭需要，依法、据实承担相关工作；但不可能承担起家庭管理的全部责任。此外，为了提高所服务家庭的生活质量，家政服务员一定要和家庭成员共同努力，做好家庭事务管理，有效完成自己的主要工作职责。

4. 不断学习新知识、新技能，提升自身素质，为雇主提供品质家政服务

（1）不断提高家庭服务的基本修养，展现职业化服务形象。

（2）不断学习家庭生活的基本知识，为雇主提供更为全面、周到的家政服务。

（3）不断掌握家庭生活的基本技能，以便圆满地完成家政服务员的职责。

从家政服务的角度看，管理家庭的技术、技能是很重要的，特别是在社会经济发展、家庭物质生活水平提高之后，为满足家庭成员的物质需求，家政服务员做好家政服务工作是很重要的。家庭管理包括物质的、经济的、生活的、劳务的等各个方面。家庭管理的技术、技能不仅仅是技术性的，有许多是思想观念、思想方法问题。作为家政服务员要做到为家庭生活服务，和雇主一起为不断提高家庭生活质量作出努力，就必须懂得并学会家庭管理。

家政服务员要做一个严格遵守职业道德和社会公德的人，做一个爱的使者和播种爱的人，做一个懂得赞美和尊重他人的人，做一个懂得聆听别人的人，做一个无论遇到什么困难都一如既往关心别人的人，做一个对自己、对雇主有使命感和责任感的人。

培训课程 2

家政服务员职业守则

家政服务员的职业守则就是家政服务员的行为规范，是要身体力行、认真自觉遵守的。

家政服务诚信是根本，爱心是基础，勤快是保证，修养是关键。诚信要做到忠厚老实、诚实守信、做事认真、负责敬业。爱心在于坚持疼爱孩子，细致照护孩子的生活起居；倍加关照孕产妇；尊重老人（病患），耐心照护饮食起居；善待他人，讲究人际沟通技巧。勤快是具有强烈的服务意识，做事积极主动，耐心细致。修养体现在言谈举止高雅，具有职业女性特点。

一、遵纪守法，诚实守信

1. 遵纪守法是社会主义国家公民应有的责任与义务

道德和法纪都是调解人与人之间关系的手段。在我国，道德和法纪虽然是两种不同的社会规范，但它们在本质上是一致的，都是为社会主义事业服务的，它们之间有着紧密的联系，相互作用，相互渗透，相辅相成。社会主义法纪在培养人们社会主义职业道德中具有重要的作用。社会主义法纪本身也体现着社会主义职业道德的精神，是培养和推进职业道德品质的有力武器。所以，遵纪守法是每个公民都必须具备的基本道德规范。

家庭是社会的细胞，是社会主义法纪重点保护的社会基本组织单位。因此，进入家庭服务的家政服务员必须要有法纪观念，要知法守法，模范执行国家规定的各种规章制度。社会主义职业道德也是健全法制、厉行法治的重要因素。

社会主义职业道德水平提高，可以促使从业人员自觉遵守法纪，特别是在发展市场经济的条件下，建设法治的过程中，遵纪守法的重要性更显突出。家政服务员无论在何种情况下，都要牢牢记住遵纪守法是公民的责任与义务。

2. 诚实守信是家政服务员的美德

家政服务员的工作过程其实也是与人交往的工作过程。有的家庭人口多，家庭成员各具特色，因此在完成雇主交给的任务或者与雇主家庭成员有什么约定时，家政服务员一定要诚实守信，说到做到。诚实守信是一种品质，具有这种品质的人，会给人一种靠得住、信得过的感觉；人们也就愿意把需要办的事委托给他。家政服务员非常需要具备这种品质，这样可以成为家庭中可靠、可信的人。诚信是道德的重要内容，也是立德树人的根本。

家政服务员进入到雇主家中，一定要经得住金钱、物质、精神的考验，自觉遵守法纪，必须无条件做到不属于自己的钱财、物品不能拿，不适合的朋友少交往。人一旦起贪心，必然走错路，下面就举一个真实的案例。

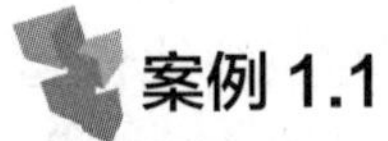

案例 1.1

不义之财不可取

2005 年，重庆女青年小余被家政公司分配到一个雇主家，由于小余做得一手好菜，人也干净勤快，得到了雇主的喜欢和信任；雇主很快把家里的工作都交给她做，并把家里的钥匙也给了她。就这样，2 个月过去了，有一天小余突然提出要走，雇主有点不舍得，便给家政公司打了电话，说明情况，请公司再派个人来替工。公司派了个老师带一个新服务员来到雇主家，准备说服小余留下或者办理交接。因为小余坚决要走，所以很快就办好了交接，小余拉起箱子就走。老师看了觉得奇怪：来的时候是个小包，怎么才两个月就变成拉杆箱了呢？就问了一声：“你的包让雇主看了吗？”雇主大大咧咧地说：“不用看了。”但是刚说完，突然看到小余身上背的包，咦了一声：“这个包是你的吗？”小余说：“是我在地摊上买的。”雇主一听就说：“地摊上怎么会有我从法国买的包呢？请你打开让我看看吧！”小余这时不情愿地把包放下，在老师的见证下，她拉开了包的拉链，只听“哗啦”一声，包里掉出了一串项链。雇主愣了一下说：“这不是我的项链吗？”再看包里，雇主惊叫起来：“你怎么把我妈陪嫁的首饰盒都拿走啦！”盛怒之下，雇主报了警。

在派出所里，警察从小余的包中搜出了价值 10 多万元的雇主财物。在物证面前，小余承认了自己在打扫卫生时偷拿了雇主财物的事实。由于小余盗窃的财物数额巨大，当时就被刑事拘留了。后经法院审理，小余被判 7 年有期徒刑。在监狱里，小余留下了悔恨的泪水。

案例点评：

遵纪守法是劳动者必须具备的基本素质。作为家政服务员，遵纪守法更是前提，绝对不能利用工作之便，违背职业道德，非法占有他人财物。要记住：不义之财不可取，伸手必被捉，天网恢恢，疏而不漏！不能因为自己的贪欲，损害家政服务员的名声。

二、爱岗敬业，主动服务

1. 爱岗敬业是社会主义职业道德的核心，是中华民族的传统美德

爱岗敬业是社会主义职业道德最基本、最起码、最普通的要求。爱岗，就是热爱自己的工作岗位，热爱自己的本职工作。敬业，就是以极端负责的态度对待自己的工作。宋朝朱熹对“敬业”的解释是：“专心致志，以事其业也。”就是说，敬业的核心要求是严肃认真、一心一意、精益求精、尽职尽责。古人提倡的这种工作态度今天仍然没有过时。敬业精神是一种积极向上的人生态度。人生的价值在于勤奋、进步、奉献，而敬业精神就是一种奉献精神。

2. 主动服务展现职业素养，提升职业形象

家政服务工作内容较为烦琐，相关工作要在具体工作中发现。这就需要家政服务员主动、细致地开展工作。雇主往往是在无法自主解决家政服务内容的情况下，才聘请家政服务员进入家庭提供服务的；也许因为工作忙，也许因为自己不会做家务等因素，才有了家政服务的需求。家政服务员与雇主之间是各尽其能、互为支撑的关系。

家政服务员在开展工作时必须具备主动服务的观念，应依据家政服务员国家职业技能标准的要求，认真、细致地完成工作，不能雇主交代一件事就只干这一件事，雇主未明确交代的就不去主动提供服务，这种得过且过的工作作风将严重损毁职业形象、自身素质与信誉。

案例 1.2

爱岗敬业的劳动模范鲍凤珍

1. 一年四季都穿白袜子的家政服务员

鲍凤珍是全国劳动模范，也是一名家政服务员，做好雇主家居室保洁是她进入雇主家的首要工作。有一次，她刚到一个雇主家，一进雇主家门，就看到屋里乱七八糟，根本没有下脚的地方。她顾不得多想，洗洗手马上整理物品，打扫房间。为了能让这家两岁的宝宝尽快熟悉自己，她就边干活边唱儿歌，还不时地学几声小动物的叫声。宝宝特别感兴趣，等她停下来时，宝宝就主动让她抱。宝宝对她的接受，让鲍凤珍高兴得几乎要流下泪来。之后的半年多时间，鲍凤珍又做家务又带孩子，常常是雇主家人休息了，她还在洗洗涮涮，异常辛苦。但是，她的辛劳给雇主带来的是明亮整洁的环境、宝宝应时可口的饭菜和有规律的生活。鲍凤珍还利用自己当年从事幼师的经验，培养孩子良好的生活习惯和行为习惯，对孩子进行智力开发。

看着宝宝被培养得不仅健康、懂礼，还会唱歌、跳舞、画画。宝宝妈妈逢人就说："我家宝宝运气真好，找到一位好阿姨。"

多年来，鲍凤珍养成了一年四季都穿白袜子的习惯，每次在雇主家擦完地，自己都先脱了鞋走一圈，看看是不是擦干净了。

2. "我累点儿只是个把月的事，婴儿和产妇要落下毛病可是一辈子的事"

从事母婴护理工作的家政服务员一般和雇主签订合同后，要在预产期前半个月对准妈妈进行产前胎教，校正准妈妈的饮食习惯，保证产后奶水的充足和营养。孩子降生后，既要护理好产妇，又要照料好新生儿，做好新生儿吃奶、喝水、睡觉、哭闹、大小便等每时每刻的状况记录。月子里，她每天都要给产妇煲汤，做乳房护理、形体恢复，为新生儿做习惯养成、洗澡、抚触、按摩。因为有如此繁重的护理任务，所以鲍凤珍每天只能睡 3 个多小时。"母子安危都交到我手上了，不能有半点差池！"鲍凤珍说，"我累只是个把月的事，婴儿和产妇要落下毛病可是一辈子的事啊！"

有一次，鲍凤珍接到护理一位聋哑产妇的任务。她发现，聋哑产妇对外人有种极强的戒备心，对孩子极为关注，长时间不睡觉一直盯着孩子，生怕别人伤到孩子；情绪波动时甚至会对鲍凤珍有拉扯的肢体动作。但是，鲍凤珍非常耐心，一边顺着产妇的意思去做，一边打手势向产妇解释科学育婴的道理。例如，一开始，孩子哭时，聋哑产妇也跟着哭。鲍凤珍就用手势给她讲："新生儿哭是在运动，是正常的，新生儿哭才能长大。""如果硬拧着她的意思，就会使她情绪波动，甚至造成产后抑郁症，影响她的奶量。"鲍凤珍说。鲍凤珍的手语就是那年护理聋哑产妇时学会的。待到两个月服务期结束要分别时，聋哑产妇向鲍凤珍伸出了双手，竖起了大拇指，然后，哭着抱住鲍凤珍久久不愿松手。

3. 选择了母婴护理这个岗位，就要维护它的荣誉

多年的母婴护理工作，让鲍凤珍养成了平时不喝水的"习惯"。"这样就减少了上厕所的次数，就怕离开的一会儿出现问题！"鲍凤珍说，"党和国家把全国劳动模范这么高的荣誉奖励给我，我认为是对这个岗位的高度重视，说明社会有这个需要。我们既然选择了母婴护理这个岗位，就有责任不断发展它的内容，维护它的荣誉！"

近几年，鲍凤珍把精力更多地投入在了培养新一代从业者的工作中。鲍凤珍说，家政服务是让她在北京立足的职业，她从心里喜欢这个职业。所以，她给雇主服务时是发自内心的，甚至带有一种感恩。"因为这个职业成就了我，让许许多多农村的、下岗的姐妹实现了自身价值，我希望自己的劳动能为这个职业增添一份光彩，让这个职业更有生命力！"

有一次，她参加北京市组织的劳模座谈会，会议结束散场时，鲍凤珍没有同其他人一样急着离开会场，而是自觉地留下来帮助会场工作人员打扫卫生。她记得当时在场的领导夸赞说："咱们家政服务行业的劳模就是跟别人不同！"

"当时我并不是刻意要去做的，而是出于一种内心的自觉和习惯，看到陈设凌乱、地面不干净就会不自觉地想去收拾整理。"鲍凤珍说，"就像见到哭闹的孩子就想帮人家哄好一样，我从心里觉得这是自己该做的事，我也为自己能通过这样的服务给别人带来帮助而感到光荣！"

案例点评：

劳模鲍凤珍的优秀事迹，让人们看到家政行业中模范们闪光的业绩，她们都是千万家政服务员中的普通一员，但是由于她们思想觉悟高，对自己工作有高度的责任感，能在平凡的家政服务工作中作出不平凡的事迹。"我累点儿只是个把月的事，婴儿和产妇要落下毛病可是一辈子的事"体现出鲍凤珍对母婴护理工作的高度责任感。如果每一名家政服务员都能像鲍凤珍那样去工作，家政服务事业将会充满阳光！如果每一名家政服务员都能成为富有敬业精神和责任感的人，他们就能真正做到“巧理千家务，温暖万人心”。

三、尊老爱幼，谦恭礼让

家政服务员是进入家庭，为提高家庭生活质量提供服务的职业人。当代家庭生活服务需求最主要、最大量的工作是在照顾老年人和看护、教养小孩方面，因而对家政服务员来说尊老爱幼不仅是美德，而且是必须遵守执行的职业守则。

1. 尊老爱幼是社会主义社会公德

尊老爱幼对家政服务员来说，不仅是一般意义上要履行的社会道德，而且是必须具备的一种品质。家政服务员是进入家庭为家庭生活服务的，任何家庭都有老有小，有许多家庭聘请家政服务员的目的往往就是照顾家庭中的老年人或看护小孩。由于我国社会已经进入人口老龄化阶段，老年人对家政服务的需求越来越多，而且当前的老年人在文化素质、经济条件均有很大提高的情况下，对家政服务的质量要求也越来越高。我国是讲“孝道”的国家，推行以家庭养老为主、社会养老为辅的养老政策。家政服务员所服务的老年人家庭，不论有无儿女同住，家政服务员都承担着替儿女尽孝的责任，这就要求家政服务员要有一份孝心，要有一种真正的爱心。

2. 谦恭礼让是做好家政服务工作的前提

尊重雇主、热情和蔼、谦恭礼让实际上是劳动态度问题。劳动态度是职业道德的集中表现，家政服务员进入雇主家庭之后，服务态度和蔼可亲，对待家庭成员热情友好，对自己的服务工作尽心尽力、忠诚本分，并且能够尊重雇主，她的工作就可以得到雇主的认可，她也可以取得雇主的信任。这是家政服务工作的基础。谦恭礼让、尊重雇主可换来相互尊重，热情友好将增进家政服务员与服务家庭成员的友谊，和蔼可亲会使家庭成员增加对家政服务员的亲切感，忠诚本分会增加家政服务员的可信度。家政服务员在家政服务过程中充分发挥和展现这些优秀品质，就一定能取得好成绩。

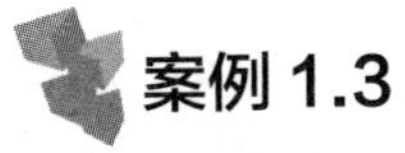

案例 1.3

一名家政服务员的日记

谁偷走了奶奶的记忆

9 月 22 日　晴

初秋，风轻云淡。昨天下了雨，天气非常晴朗。我也好运降临，一位黑衣女士，就是我现在的雇主，把我请到她的家里工作。她家有个奶奶，九十高龄，身体还算硬朗，走路睡觉都不用人操心，可是她得了一种老年人常见病——老年痴呆症（阿尔茨海默病的别称）。

早上，我煮了燕麦粥和鸡蛋，蒸了馒头，叫奶奶来吃饭。奶奶问："你叫什么名字？"我告诉她："您就叫我英子吧！"奶奶说："好，我记住了。"为了让奶奶更好地咀嚼，我就把鸡蛋剥皮、掰碎后放在她的碗中。可她还是吃得特别慢，不但把馒头掉在地上，粥也弄到桌子上，到处都是黏糊糊的。我急忙拿餐巾纸给她擦，她自己也觉得不好意思，也拿起餐巾纸擦，跟孩子一样。擦完之后，我去厨房里放碗去了，回来顺手拿着抹布擦桌子。可当我走到桌前时，眼前的一幕把我吓傻了——奶奶竟然拿着擦过桌子的餐巾纸吃起来。我不由得惊叫起来："奶奶，放下，快放下，这是餐巾纸，不能吃，脏！"奶奶就像惊弓之鸟，慌忙把没吃完的纸又塞进嘴里。这下，我更急了："奶奶，吐，奶奶，快吐出来！"可奶奶哪能听进去我的话，慌忙之中又咽了下去！看着奶奶的举动，我不由得黯然泪下："是谁偷走了奶奶的记忆？"

我比奶奶更糊涂

9 月 24 日　晴

早晨，奶奶很乖地自己穿衣服，一边穿一边问我："你叫什么名字来着？"我告诉她："您就叫我英子吧！""哦，好。你来看，我的衣服穿好了！"我过去看，奶奶一副得意的神情，等着我的表扬。可是我一看，她把衣服穿得乱七八糟，里面的穿到了外面，还只穿了一只袜子就跑出来。看了奶奶的装束，我哭笑不得："这哪行啊？我帮您重穿！"可奶奶很坚持："这不都穿好了吗？"我说："里面的都穿到外面了，还好呢？怎么就穿一只袜子，另一只呢？"我开始帮奶奶脱衣服，奶奶还说："我自己脱自己穿！"我趁机帮她找另一只袜子。可是我找了所有的屋子、柜子，最后连卫生间也没放过，找了近半个小时，还是没找到。无奈之下，我只好给奶奶找来另一双袜子。可当我给奶奶脱袜子的时候，才发现两只袜子竟然都在一只脚上套着呢！我一拍脑门儿："我怎么就没想到呢？我真是比奶奶更糊涂！"

想起姥爷

9 月 25 日　小雨

我在网上查询，老年痴呆症是由于神经退化病变、脑血管病变、感染、营养代谢障碍等多种原因引起的一组症候群，是老年人在意识清醒的状态下出现的持久的、全面的智能减退，表现为记忆力差、注意力及语言功能减退、独立生活及工作能力丧失、爱生气、健忘等多种疾病，是它们无情地偷走了老年人的宝贵记忆！

老年痴呆这种疾病就像魔鬼，时不时地侵入我们的生活。身边有很多老年人，都得过这种病。我的姥爷生前就得过这种病，常常坐在窗前，望向窗外，好像盼着什么人的到来。记得母亲告诉我，有一次，她去看姥爷。一进院儿，姥爷刚看见母亲的身影，就像孩子一样哭起来，嘴里嚼的饭都掉到了坑上。姥爷还经常喜欢一个人在外面走。有一次，他左手提着裤子，右手拄着拐棍儿，看见路边有一根柴草，左手去拾，裤子就掉到了地上。后来姥爷走了，我没能见到他最后一面。得老年痴呆症的老年人太可怜了，所以，来到雇主家里时，知道奶奶是老年痴呆症的时候，我就暗下决心：一定要好好照顾奶奶！

奶奶终于记起了我

10 月 18 日　多云

我前段时间在网上查到了一些关于照料老年痴呆症患者的资料：

要注意饮食和营养，要保持日常卫生习惯，应该理解和宽容老年人，注意防止意外事故发生。尊重老年人的意愿，鼓励她做自己有兴趣的力所能及的事情。让她走出家门，陪伴她多参加一些公益活动和社区活动，训练和刺激老年人的记忆恢复。

真是太好了！我激动万分，从网上我学到了照料患痴呆症老年人的方法。我每天跟奶奶一起吃完早餐，就带着奶奶在小区里晒太阳，遛弯儿，看蓝天、白云，看红花绿草，给她讲生活中的新鲜事；吃完午饭，运动半小时，就让奶奶午睡；晚饭后，奶奶跟孩子一样，要出去看"球球"。奶奶特别有爱心，年轻的时候就养过一条小狗叫"球球"，她总是把邻居家的小狗当成她的"球球"。

我还带着奶奶看小区里的人跳广场舞。我和奶奶每天都过得很充实，很开心。今天，她忽然叫我："英子，我年轻的时候也会跳这个舞！"

我的眼泪"唰"地一下流了出来——我的努力终于有了回报，奶奶终于记起了我的名字，也记起了年轻时候的很多事情。

案例点评：

作为一名普通的家政服务员，英子在照顾患痴呆症老年人的工作岗位上认真勤恳地工作，她忠实履行一名家政服务员的岗位职责。通过她的工作表现可以总结出以下三点：一是，她对患痴呆症老人的热情、周到的照顾，不是亲人胜似亲人。从她的行为中我们看到了她善良的心和主动服务的意识。二是，自觉学习，提高技能。通过上网学习、了解照顾患痴呆症老年人的方法，表现出高度的职业责任感。三是，善于用心，善于总结照料患痴呆症老年人的经验。体现出良好的职业素养和敬业精神。

四、崇尚公德，不涉家私

1. 维护并履行社会公德，是家政服务员必备的道德规范

社会公德是所有社会成员在公共生活领域中应遵循的基本道德规范。《中华人民共和国宪法》明确规定："国家提倡爱祖国、爱人民、爱劳动、爱科学、爱社会主义的公德。"五爱精神和以为人民服务为核心的集体主义道德原则是我国社会主义社会公德的基本内容。家政服务员要自觉地遵守这些公德，并且加以维护。

家政服务员和我国的其他公民一样，除非因犯罪被剥夺了公民权，否则首先是一个国家公民。因此，家政服务员就有责任和义务模范地履行社会公德，并在工作中尽力发挥作用，如果能充分发挥道德的调节作用，家政服务员就能为建设社会主义精神文明作出贡献。

2. 不涉家私是家政服务员必备的品质

家政服务员是料理家务、照护家庭成员、管理家庭事务的人员。有的家庭把整个家交到家政服务员手里，因此，家政服务员必须得到家人信任，一举一动都要使家人放心。家庭是个"内团体"，是一块私人领地。萧伯纳曾说："家是世界上唯一隐蔽人类缺点与失败的地方，它同时也蕴藏着甜蜜的爱。"个人家

庭有隐私权，不容侵犯。家政服务员进入雇主家庭后，一定要尊重该家庭和家庭成员个人的隐私权和财产私有权。家政服务员对家庭中不需要自己知道的事，要做到不闻不问，当家中只有自己时，也不应出于好奇随意乱翻雇主家中的东西，更不应将家中东西据为己有。遇到雇主家庭内部发生矛盾时，一般情况下不要参与进去，更不能偏袒一方或说三道四，需要劝解时也只能点到为止。不涉家私是家政服务员职业道德的重要内容，也是家政服务员必备的品质。

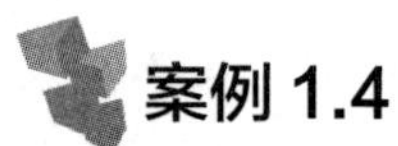

案例 1.4

家庭风波不参与

家政服务员张阿姨在雇主家工作 3 年多了，没有人听到她说过雇主家里的事情。她在雇主家里只是默默工作，从不多事，不说长道短。遇到雇主家里人吵架，她一般不去劝架，也不充当裁判居中调解，更不给其中任何一方帮腔。问其原因，她说："因为只要是雇主起了争执，一定会涉及家庭的隐私问题。这种时候，每个人都要面子，如果家里有第三个人在场，很可能想道歉也不好意思，双方无法下台阶。"有一次，她在雇主家里，遇到夫妻俩吵架，两人你一言我一语，互不相让。妻子从衣柜里把衣服都摘下来，要回娘家。张阿姨见此情景，便自觉回避，默默离开现场，带着孩子回到自己房间。事后，她也没有去开导其中任何一方，更没有四处宣扬，而是绝口不提此事。结果是雇主小夫妻在风波过后仍然相爱如初。

案例点评：

张阿姨的做法是比较恰当的。俗话说：清官难断家务事。家政服务员到雇主家里是来做服务工作的，没有调解雇主家矛盾的义务。切忌不把自己当外人，充当调解人，不管雇主双方的年龄、身份，对他们指手画脚，结果往往是适得其反。记住，职业的特殊性要求家政服务员干好本职工作就好，不要随便参与雇主家事。

职业模块 2
礼仪常识

内容结构图

礼仪常识
言谈举止
言谈文明
举止优雅
表情健康
仪容仪表
个人卫生
日常美容
服装服饰
家庭服务礼仪
日常服务
接待来客
接打电话
人际交往
公共场合礼仪
用餐礼仪
恰当应对尴尬事务
学会与他人沟通
生活习俗
我国少数民族习俗
我国主要传统节日习俗
西方主要节日习俗
我国主要宗教信仰
中西方民俗区别
家庭人际关系
家庭人际关系
家政服务员与雇主家人相处的原则
家庭人际关系处理技巧

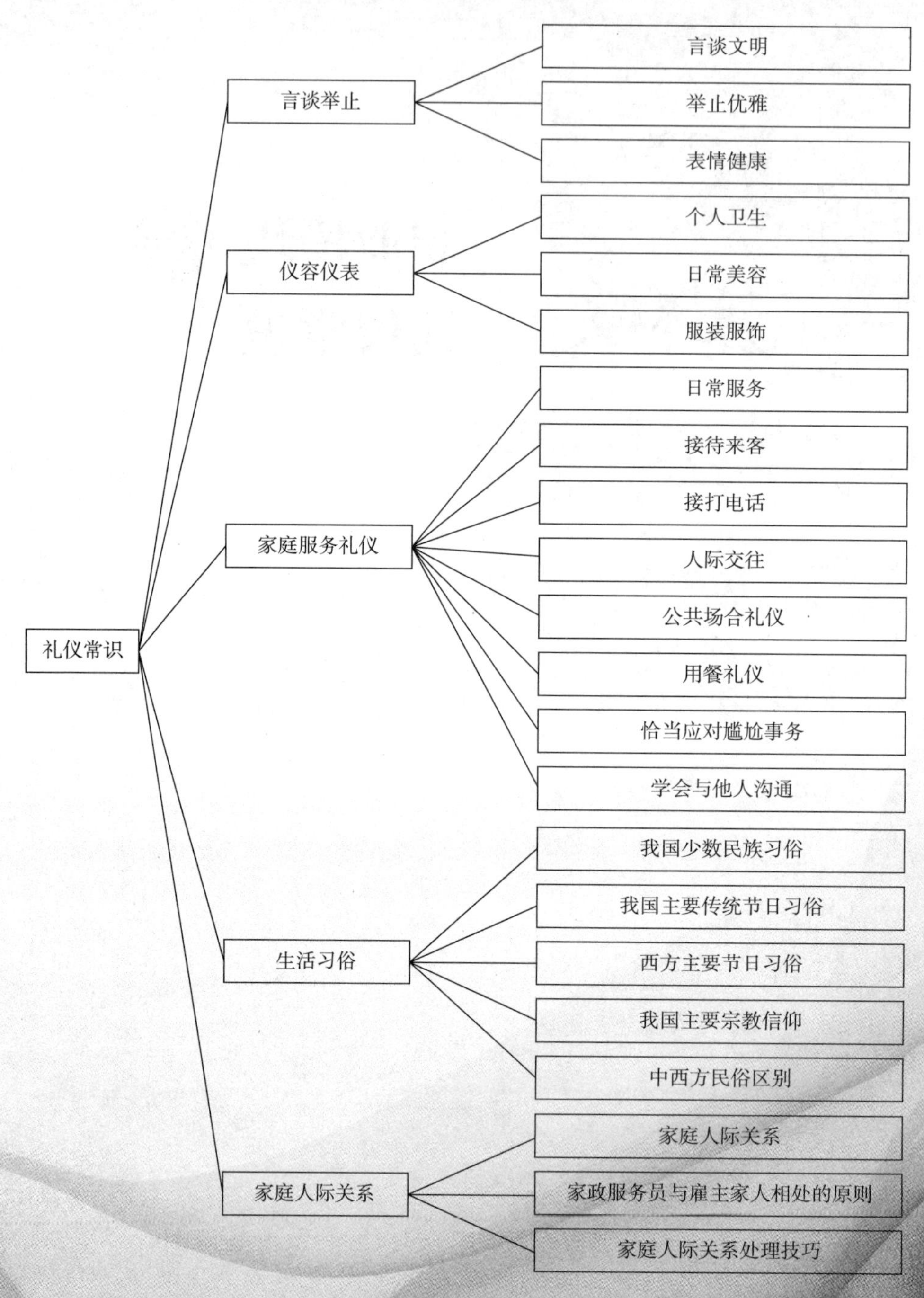

礼仪修养是一个人综合素质的重要组成部分，直接体现其品质、品位和形象。家政服务员掌握相关的礼仪常识是非常必要的。

培训课程 1 言谈举止

一、言谈文明

1. 言谈的基本要求

（1）吐字清晰，语调平和

说话时，吐字要清晰，语速不要太快，不要旁若无人，大呼小叫，口沫四溅。语调要平和，尽量不用或少用语气词，力求嗓音甜美、清脆，使听者感到自然亲切。

（2）态度诚恳，意思清楚

与人交流时，语言所表达的内容、感情与表情要相对一致，不能口是心非，不能信口开河，不能虚假浮夸。与他人交谈时，不能东张西望、时不时地看手机、面带倦意、哈欠连天；否则会给人心不在焉、傲慢无礼等不礼貌的印象，更不能撒谎骗人。语言表达要简单、明了，说出的话要能够准确表达自己的意思，要做到自己清楚、别人明白。还应该尽可能地使用普通话进行交流。

（3）称呼恰当，用语谦逊

称呼是指人们在日常交往应酬过程中彼此之间的称谓，它能够反映人们之间的相互关系和个人修养，也能反映社会风尚。在人际交往中，称呼是否恰当往往直接影响交际的成败。恰当使用称呼，能使相互交流各方产生心理上的相容，交往就会顺利、愉悦。

称呼恰当，主要是指称呼要符合自己及他人的身份。见到熟人、客人，与他人讲话前要先有称呼。家政服务员到了雇主家里，应该把雇主看作是自己的亲人，应按年龄、辈分称呼雇主家的成员，对年轻的夫妇可称大哥、大姐，对年长些的可称叔叔、伯伯、姑姑、阿姨，并按辈分随雇主称呼他们的长辈和亲友。在与众人打招呼时，要注意亲疏远近和主次关系，一般以先长后幼、先高后低、先女后男、先亲后疏为宜。

家政服务员常用的称呼方式可见表 2–1。

表 2–1　　家政服务员常用称呼方式

场合	称呼表达方式	举　例
正式场合	姓 + 职称 / 职务	李教授、吴厂长、布兰特公爵
	姓名	孙强、王亚茹、约翰逊 · 克林顿
	泛尊称	同志、先生、女士、小姐
	职业称 + 泛尊称	司机同志、秘书小姐、委员先生
	姓 + 泛尊称	贾同志、张先生、赵女士、王小姐
非正式场合	老 / 小 + 姓	老江、小田
	姓 + 辈分称呼	王伯伯、彭阿姨
	辈分称呼	叔叔、姑姑、爷爷、奶奶、舅舅
	名或名 + 同志	紫薇、紫薇同志

一般说来，非正式场合的称呼标志着双方关系密切，毫无拘束；正式场合中的第一类称呼意味着两者之间较为拘谨或为公务性关系，正式场合中的第二类称呼表达一种介乎亲密和拘谨之间的关系，而其他类称呼常用在公共场合或工作场合。

2. 礼貌用语

能否有效运用礼貌用语，直接关系到人际交往的成败。与人交谈时，一定要和善，多用礼貌用语。常用的礼貌用语有“请”“谢谢”“对不起”“您好”“麻烦你了”“拜托了”“可以吗”“您认为怎样”等。同时，要根据礼貌用语表达语意的不同，选择不同的礼貌用语。

（1）问候语

问候语一般不强调具体内容，只表示一种礼貌，用于见面时的问候。在使用上通常简洁、明了。同时，无论何人以何种方式向本人表示问候，都应给予相应的回复，不可置之不理。常用的问候语主要有“你好”“早上好”“下午好”“晚上好”等。问候时表情应自然、亲切，脸上要带有温和的微笑。

（2）欢迎语

欢迎语是接待来访客人时必不可少的礼貌语。例如“欢迎您”“欢迎各位光临”“见到您很高兴”等。

（3）告别语

告别语用于分别时的告辞或送别，它虽然给人几分客套之感，但也不失真诚与温馨。与人告别时神情应友善温和，语言要有分寸，具有委婉谦恭的特点。例如“再见”“晚安”“欢迎再来”“一路平安”等。每次会面结束，都应以希望“再次见面”的心情来向对方告辞或恭送对方离去，要以恭敬、真诚的态度说出告别语。

（4）答谢语

答谢语应用的范围很广。有些是表示向对方的感谢，应该说：“非常感谢”“谢谢您的好意”等；有些是表示回应对方的致谢，如“不必客气”“这是我应该做的”等；有时还可用来拒绝对方，如“不用了，谢谢”。使用答谢语时应该以热情的目光注视对方。

（5）请托语

请托语是向他人提出某种要求或请求时使用的用语。当向他人提出某种要求或请求时，一定要“请”字当先，而且态度要诚恳，但也不用低声下气，当然更不能趾高气扬。常用的请托语有“劳驾”“借光”“有劳您”“让您费心了”等。说请托语时首先要尊重对方，语气要委婉谦恭，不要用强求或命令的态度和语气。

（6）致歉语

在日常交往中，有时难免会因为某种原因影响或打扰了别人，尤其当自己失礼、失约、失陪、失手时，都应及时、主动、真心地向对方表示歉意。常用的致歉语有“对不起”“请原谅”“很抱歉”“失礼了”“不好意思，让您久等了”等。当你不好意思当面致歉时，还可以通过电话、手机短信等其他方式来表达。

（7）征询语

当向别人询问要为其服务时常用征询语，诸如“您有事需要帮忙吗”“我能为您做些什么”“您还有什么事吗”“我可以进来吗”“您不介意的话，我可以看一下吗”“您看这样做行吗”等。使用征询语时态度要真诚，语气要温柔，让对方切实感受到自己的关心和体贴。

（8）慰问语

在人际交往中，表示对他人的关心是非常重要的。如他人费心劳神、付出劳动时，可以说“您辛苦了”“让您受累了”等；如果他人身体欠佳，可以说“请好好休息”“望您早日康复”等。一两句温暖的话语就可能换来对方的好感。

（9）祝贺语

当他人取得成果或有喜事、好事时，常用祝贺语。如“恭喜”“祝您节日愉快”“祝您生日快乐”“祝您成功”等。通过祝贺语为他人送上真诚的祝福，可以加深人际间的友谊。

（10）赞美语

向他人表示称赞时要使用赞美语。在人际交往中，要善于发现、欣赏他人的优点长处，并能适时地给予对方以真挚的赞美。这不仅能够缩短双方的心理距离，更重要的是它能够体现出说话人宽容与善良的品质。常用的赞美语有“很好”“不错”“太棒了”“真了不起”“真漂亮”等。面对他人的赞美，也应作出积极、恰当的回应，如“谢谢您的鼓励”“多亏了你”“您过奖了”“你也不错嘛”等。

3. 注意事项

（1）忌无称呼

如“那个穿花裙子的别走”“那个玩手机的过来”。

（2）忌庸俗称呼

如“兄弟”“哥们儿”等不宜在正式场合使用。

（3）忌用不文明称呼

如用“嗨”“喂”等称呼他人是极不礼貌的行为。

（4）忌不用尊称叫人

如把老大爷叫“老头”，把某某叫“胖子”“二饼”等。

（5）杜绝蔑视语、烦躁语、斗气语

如“你算老几”“你死定了”“不如死了算了”“这事办不好，我就倒过来用头走路”等。

案例 2.1

不文明的后果

家政服务员郑某第一次登门为张大爷提供服务，来到张大爷所住的小区，他找了好半天也没找到张大爷所在的 15 号楼。这时，迎面走来一位老人，郑某上前问道："喂，老头，15 号楼咋走？"老人瞟了他一眼，径直离开了。十多分钟后，郑某终于找到了张大爷家的门，前来开门的不是别人，正是刚才被郑某唤作"老头"的老人，老人一看来人是郑某，就对郑某说："我们不需要家政服务员了，你请回吧！"

案例点评：

郑某这次登门失败，主要在于他犯了家政服务员的大忌——不用尊称称呼人。只有尊重别人，才能获得别人的认可和尊重。家政服务员尤其要做到谈吐文明，礼貌待人。

二、举止优雅

举止是指人在特定场合的各种活动中较稳定的礼仪行为，通常包括站姿、坐姿、行姿、蹲姿、睡姿等。文明的姿态举止才能树立良好的自我形象；因此，家政服务员要"站有站相，坐有坐相"。考虑到目前家政服务的从业者多数为女性，这里重点介绍女性行为举止的礼仪规范。

图 2–1　家政服务员站姿

1. 站姿规矩

站姿即站相，是指人在静止状态直立身体，双脚着地，或踏在其他物体上的姿势，如图 2–1 所示。

（1）行为要点

1）脊椎挺直，头正、颈直。站立时，背部脊椎挺直，头部摆正，脖颈挺直，下颚微收，两眼平视前方，面部表情自然，嘴角微向上提。

2）肩膀放松、双臂下垂。肩膀放松，微微后张下沉，双臂自然下垂，置于身体两侧，中指、大拇指稍内收，呈半握拳状，手部虎口向前，指尖向下，中指轻贴裤缝。

3）挺胸、裹臀、收小腹。站立时使自己的身体与地面垂直，腹部肌肉紧缩。臀部呈现紧实包裹感，身体重心落在两脚正中。

4）双腿直立，身体稳定。双腿直立，内侧紧靠在一起，空隙越小越好。调整呼吸，身体保持稳定状态。

（2）注意事项

1）站姿应该是自然、轻松、优美的，身体要始终保持直立状态，脚的姿势、角度及手的位置可以发生些许变化。

2）忌探头斜肩，缩脖耸肩。

3）忌东倒西歪，驼背凸肚，左右晃动，含胸撅臀。

4）不能双手抱在胸前或叉腰。

5）与人谈话时，不要扭动身子，东张西望，也不要斜靠门框和墙边。

2. 坐姿端庄

坐姿，指人就座后身体所呈现的姿势，是一种静态的身体造型，如图 2–2 所示。

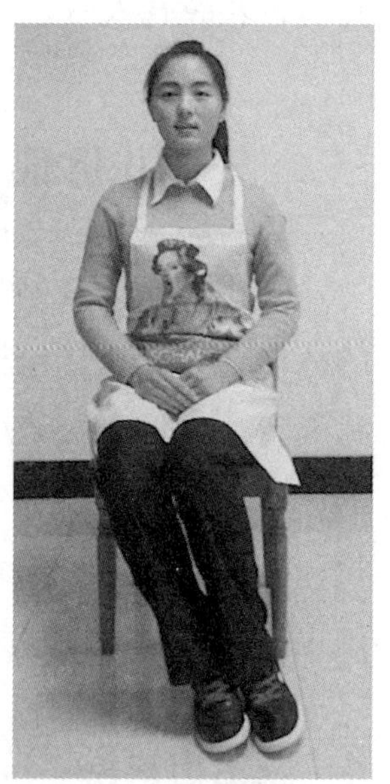

图 2–2　家政服务员坐姿

（1）行为要点

1）入座时，应礼貌地邀请对方先坐或与对方同时就座，不可抢先坐下。注意方位，分清座次的尊卑，主动将上座，如面门、居中、舒适、右侧的座位让给尊长。

2）落座时，身体要轻要稳，坐于椅子的三分之二处，把右脚与左脚并齐。如穿裙子入座，应用手先将裙摆拢平后再坐，不要坐后再起身整理衣服。

3）入座后身体自然坐直，头部端正，双目平视，双肩齐平，下颚微收，两手自然搭放，双膝并拢，可视情况向一侧倾斜，两腿自然弯曲。

4）与人交谈时要抬起头，面向对方，神态自然。

5）坐的时间长时，可以更换一下坐姿，如两脚交叉、前后小腿分开或侧身坐等。

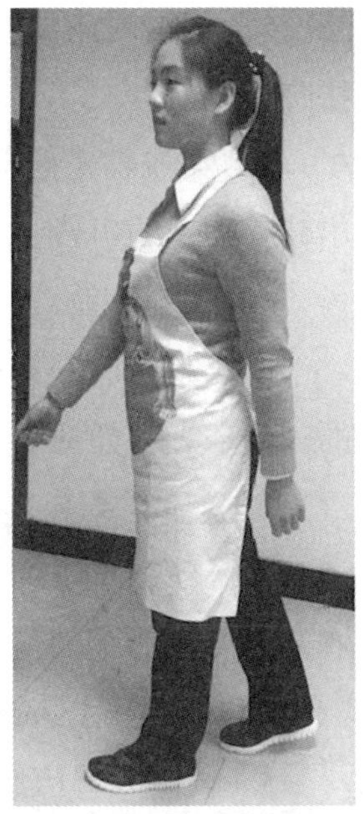
图 2–3　家政服务员走姿

6）离座时，要先用动作或语言向周围人示意，与入座时一样，要注意按次序进行，尊长为先。起身时要轻而稳，先将椅子轻轻移动，右脚向后收半步，稳稳直立身体，离开座位。

（2）注意事项

1）不要摇头晃脑、左顾右盼、前倾后仰。

2）不跷二郎腿，不抖动双腿或做一些不雅动作。

3）不能双膝大开。

4）不能在异性面前躺坐于沙发上。

5）即使坐了很长时间，也不能表现出懒散状态。

3. 走姿轻盈

走姿即行姿，指人在行走过程中的姿势。走姿是一种动态的身体造型，如图 2–3 所示。

（1）行为要点

1）身体挺拔，重心放准。行走过程中，要面向前方，两眼平视，抬头含颏梗脖，上身挺直，收腹正腰，表情平和、自然。起步时身体稍向前倾，重心落于前脚掌，双脚交替时注意膝盖伸直。

2）摆臂适度，上下肢协调。行进时，以肩关节为轴，两臂自然伸直，前后交替摆动，摆动幅度一般为 30°～40°。两手自然下垂，指尖向下，虎口向前，在摆动过程中离开双腿不超过一拳距离，身体上下摆动协调配合。

3）直线前行，步幅适当。行进时，前伸脚，脚尖向前，脚落在一条直线上，步幅大小适中，正常步幅为一个脚的长度，视不同情况略作调整。

4）步速平稳，全身协调。迈步时要平稳，匀速前行，动作连贯，有韵律感，身体各部位的动作协调起来，做到挺而不僵、柔而不懈。

（2）注意事项

1）头部不宜抬得太高，两手前后摆动幅度要小，穿裙装走路时要小于自己的一个脚长，两脚落于一条直线上。

2）行走时脚步要轻快有节奏，落地时动作要轻要稳；步态含蓄、大方、轻盈、婀娜，显示女性的庄重文雅之美。

3）行走时跨步不宜太大，不要拖拖拉拉或外撇内拐。

4）行走时不要弯腰驼背，晃肩摇头或两边扭胯。

5）穿拖鞋走路时，脚要抬离地面，不要发出鞋底磨地的声音。

4. 蹲姿舒适

蹲姿是家政服务员在日常工作中经常会碰到的一种姿态，如图 2–4 所示。

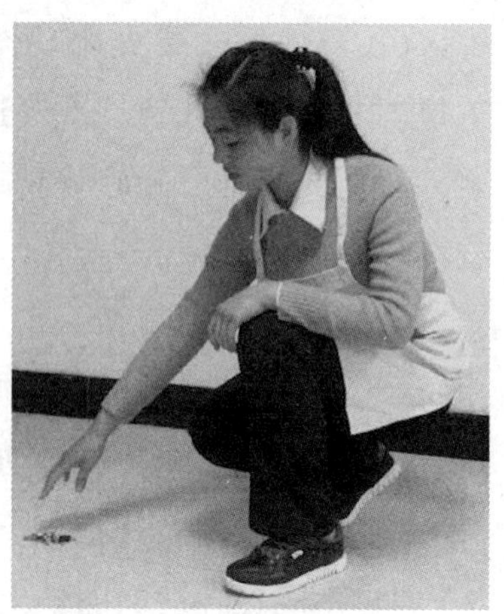

图 2–4 家政服务员蹲姿

（1）基本要求

1）下蹲拾物时，应自然、得体、大方，不遮遮掩掩。

2）下蹲时，两腿合力支撑身体，避免滑倒。

3）下蹲时，应使头、胸、膝关节朝向同一个方向，使蹲姿优美。

4）女士无论采用哪种蹲姿，都要将腿靠紧，臀部向下。

（2）注意事项

1）不要突然蹲下。

2）不要蹲得离人太近。

3）不要蹲在椅子上。

4）不要蹲着休息。

5）注意蹲的方位，在人身边下蹲时，要侧身相向。

6）弯腰捡拾物品时，两腿叉开，臀部向后撅起，是不雅观的姿态。两腿展开平衡下蹲，其姿态也不优雅。

7）下蹲时注意内衣，不可以露，不可以透。

8）蹲姿三要点：迅速、美观、大方。若用右手捡东西，可以先走到东西的左边，右脚向后退半步后再蹲下来。脊背保持挺直，臀部一定要蹲下来，避免弯腰翘臀的姿势。女士则要两腿并紧，穿短裙时需更加留意，以免尴尬。

5. 其他注意事项

（1）时时在意，及时修正

要时刻注意自己的行为举止，修正不良姿态。

（2）他人面前，谨慎修饰

1）不在他人面前整理衣物，如穿脱衣服、整理内衣、提袜子、放鞋垫等。

2）不在他人面前化妆打扮，如梳头、抖动头皮屑、描眉画眼、涂口红、照镜子等。

3）不在他人面前做不雅动作，如抠鼻孔、剪鼻毛、挖耳朵、搓泥垢、脱鞋抠脚、剔牙缝、修指甲等。

4）礼貌地处理无法控制的举动，如打喷嚏、咳嗽、擤鼻涕、打哈欠时应用手帕、纸巾捂住口鼻，面向旁边，而且事后要立即与旁边的人说声“对不起”，表示歉意。

（3）公共场合，举止规范

1）不乱扔果皮纸屑，不随地吐痰。

2）不损坏公物，不践踏绿地，不采摘园林花草，等等。

3）不乱穿马路，不堵塞公共通道。

4）与人发生争执时不动手。

5）在公共场合不追逐打闹，高谈阔论。

6）不抢占公共交通车座位，遇到老、弱、病、残、孕或抱小孩者，应主动让座或帮助。

7）携带鱼虾等物品要包装好，以免弄脏他人衣物。

8）不在名胜古迹及游览场所乱写乱画。

三、表情健康

人生百态，表情亦丰富多彩，在人与人的交往过程中，人们的面部表情可以表示出人的喜悦、愤怒、悲哀、惊惧、爱慕、憎恶、欲望、哭泣等各种心态，还可表现出坚强与懦弱、直爽与深沉、安静与急躁等各种性格特质，以及肯定与否定的态度。

常见的面部表情与对应的含义为：点头表示同意，摇头表示否定，昂首表示骄傲，低头表示屈服，垂头表示丧气，咬唇表示坚决，撇嘴表示蔑视，咬牙切齿表示愤怒，神采奕奕表示得意，目瞪口呆表示惊讶。

构成表情最突出的因素是眼神和微笑。

1. 眼神

眼神是指瞳孔的变化，是人类最明确的情感表达和交际信号。人的喜怒哀乐、爱憎好恶等思想情绪的存在和变化，都能通过眼神微妙地表达出来。人的眼睛时刻在“说话”，时刻道出内心的秘密。例如，交谈时注视（而不是凝视）对方，意味着对其重视；走路时双目直视、旁若无人，表示高傲；对来客只招呼而不看对方，表明不愿接待；相互正视片刻表示坦诚；互相瞪眼表示敌意；斜扫一眼表示鄙夷；正视、逼视表示命令；不停地上下打量表示挑衅；白眼表示反感；眼睛眨个不停表示疑问；双目大睁表示吃惊。

一个有着良好交际形象的人，目光应是坦然、亲切、和善、有神的，特别是与人交谈时，目光应该注视对方，使别人感受到自己的自信和坦率。通常视线应停留在对方双肩和头顶所构成的区域内，以示真诚，不应该躲闪或游移不定。

（1）行为要点

1）注意注视的时间。注视时间随着人们之间相互熟悉的程度和感情亲密程度而发生变化。一般来讲，不时地注视对方表示友好；目光常常投向对方表示重视；目光经常游离对方表示轻视；目光盯住对方，眼神锐利表示敌意。

2）注意注视角度。一般来说，平视用于注视者和被注视者处于相似高度时，表示双方地位平等和尊重对方，是一种最常见的方式。

3）注意注视部位。注视部位不同，不仅表示自己的态度不同，也表示双方的关系有所不同；注视对方双眼，表示尊重和关注对方；注视对方额头，表示庄重、严肃、认真；注视眼部和嘴唇，表示礼貌、重视对方。

（2）注意事项

一般情况下，不要注视对方的头顶、大腿、脚部与手部，避免“目中无人”。与人交谈时切忌眼神游离不定，东张西望。

2. 微笑

微笑是一种令人感到愉悦的面部表情，是一种无声的情绪语言，是一个人最好的名片。它不仅是个人形象的外在表现，也是个人内在精神的反映。微笑是一种礼节，见面时点头微笑，人们会意识到这是尊重和欢喜的表示。微笑作为一种表情，是一种健康文明的举止。微笑必须发自内心，亲切自然。

（1）行为要点

1）头正，下颚微收，放松面部肌肉。

2）眼睛聚光有神，嘴角两端微微向上翘起，双颊肌肉上送，让嘴唇略呈弧形，嘴巴张开到不露或刚露齿缝为宜。如图 2–5 所示。

（2）注意事项

图 2–5　微笑

1）微笑要真诚。发自内心的微笑要做到口到、眼到、心到、意到、神到、情到，眉、眼、口以及面部表情协调统一，并与简明的语言、优雅的举止密切配合，相得益彰。

2）微笑要适度：微笑要适度，不要过分压抑或夸张。

3）微笑要得体。与陌生人见面时，给对方一个亲切的微笑，就可以拉近彼此的距离，消除约束感；与同事、邻居见面时，点头微笑，显得融洽和睦。

4）忌冷笑、怪笑、窃笑、媚笑。冷笑含有怒意、讽刺、不满、不屑、不以为然之意，令人产生敌意；怪笑是一种怪里怪气的笑，这种笑令人反感；窃笑是偷偷地笑，多表示洋洋自得，幸灾乐祸；媚笑代表有意讨好别人，具有明确的功利目的。

5）忌大声爆笑，以及扭捏作态、脸部僵硬的假笑，这会给人不真诚的感觉。

培训课程 2　仪容仪表

在人际交往中，人们为了表现出应有的礼貌，都会自觉不自觉地注重自己的衣着打扮、仪容仪表，从而通过人体外表的美展示自己内心对美的追求，体现对他人的尊重。人的仪容仪表主要体现在个人卫生、日常美容、服装饰物等方面。

一、个人卫生

个人卫生主要指手部、头部、口腔、身体、服饰等要保持清洁卫生。

1. 手部卫生

要保持手部的干净必须做到勤洗手。做饭前要洗手，吃东西前要洗手，干活后要洗手，触摸脏东西后要洗手，便后要洗手，触摸传染病人的东西后要洗手，从公共场所回来后要洗手。洗手时一定要用肥皂、香皂或洗手液。必要时可用刷子蘸肥皂水或消毒液，将手彻底洗净，按照腕部、手掌、手背、指甲、指甲缝等顺序进行刷洗。家政服务员不宜留长指甲，也不要涂指甲油。每周至少剪一次指甲。

2. 头部卫生

家政服务员必须保持头发的清洁卫生。每周应清洗 2~3 次头发，且要梳理整齐；不宜留长发（如果留长发最好轻松地扎起或盘起），每月要修剪一次；发型不要太奇异，以便于工作。做饭时最好戴上帽子，防止头发或头皮屑掉到饭里。

3. 口腔卫生

坚持每天早晚刷牙，可以保持口腔清洁卫生、无异味，上班前不饮酒，忌吃大蒜、韭菜等有刺激性气味的食物，确保每天能够以良好的卫生状态面对雇主。

4. 身体卫生

为保持身体卫生，家政服务员每周至少应洗一次澡，夏季应每天洗澡一次。如果条件有限可每天擦澡。每天睡前一定要用温水洗脚，以防止脚汗或脚臭。每周修剪一次趾甲。

5. 服饰卫生

衣服一定要干净、整洁，要做到勤洗澡、勤换洗衣服。家政服务员（如小时工）进入雇主家后，脱下的衣服要询问雇主放置位置，不要把自己的衣服与雇主的衣服直接挂在一起。

二、日常美容

家政服务员在搞好个人卫生的同时，也应根据自己的具体条件加以美容修饰。为此，家政服务员要了解一些日常化妆技能，以便在需要时能够得体地装扮自己。

1. 日常化妆的步骤和方法

日常化妆往往涉及三个环节：准备化妆用品和用具，洁肤、护肤，化妆。

（1）准备化妆用品和用具

化妆用品包括化妆水、粉底、胭脂、唇膏、眼影、眼线液、睫毛膏、眉粉等。化妆用具包括化妆纸、药棉、海绵、胭脂刷、粉刷、眼影刷、睫毛夹、眉夹或小镊子、美容剪、眉梳和眉刷、眉笔、眼线笔、唇膏笔等。

（2）洁肤、护肤

正确的洗脸护肤要做到以下几点：使用温水清洗面部，干性皮肤水温可稍低，油性皮肤可稍高，也可温水和冷水交替使用；取适量适合自己皮肤的洗面乳挤在手上，加入两三滴水稀释揉搓，直至起泡，让泡沫在皮肤上移动吸取污垢，不要用力揉搓；把泡沫涂在脸上后，从 T 字区开始清洗，用中指及无名指指腹，轻轻地顺肌理走向，由下向上、由里向外按摩 1 ~ 2 分钟；最好用流水清洗，反复多次，将洗面乳彻底去除；用毛巾轻轻贴在脸颊上，让毛巾自然吸干水分，也可让皮肤上的水分自然风干；洗净脸后，涂以护肤品，如膏、霜、乳液、蜜类等均可，以护肤为主。

（3）化妆

化妆方法因化妆部位不同而各异，这里简单介绍一下面部及颈部化妆、眉毛化妆、眼部化妆、嘴唇化妆的基本方法。

1）面部和颈部化妆主要有涂粉底、抹胭脂两个环节。

第一步涂粉底。应选择合适的粉底种类及颜色，用手指肚或细软的海绵在脸上及脖颈周围抹匀，注意要轻柔地向上向外涂抹。粉底要涂得很薄。涂完粉底后，用清洁的海绵或软纸，将浮于表面的粉底轻轻擦去。

第二步抹胭脂。选用的胭脂色彩和抹的程度要适当。在涂抹前，先对镜子笑一笑，看见双颊高起的地方，将胭脂涂抹在颧骨下方，然后以手指向颧骨上方轻拍。

2）修饰眉毛的方法是先将眉毛梳理成形，用专用剪刀修剪多余或过长的眉毛，用眉夹或小镊子拔去散眉毛；根据自己头发的色泽来选择眉笔。画眉时，先用青灰色眉笔打底，再用黑色或棕色眉笔画，同时要沿着眉根一笔一笔顺其自然地补色。通常整条眉毛不能一样深浅，一般以前浅、中深、后浅为基本原则。

3）眼部修饰化妆先从眼睑开始，从内眼角到外眼角施上眼影粉，可选用淡红、茶色、浅棕红等，然后用海绵球将眼影粉的边缘涂开一些。眼线的描画，要紧贴睫毛根，下眼线要淡，可以画成虚线。

4）唇部化妆首先要注意口红颜色的选择，可涂上浅红色或纯度低的棕红、淡玫瑰红等。涂口红时先用软纸将嘴唇擦干净。微微地张开嘴，自然放松嘴唇，先用唇线笔勾出唇廓线，再涂唇膏。先从上嘴唇中央向两边涂，再从下嘴唇两边向中央涂，从外到里直到全部涂满。唇部化妆如图 2–6 所示。

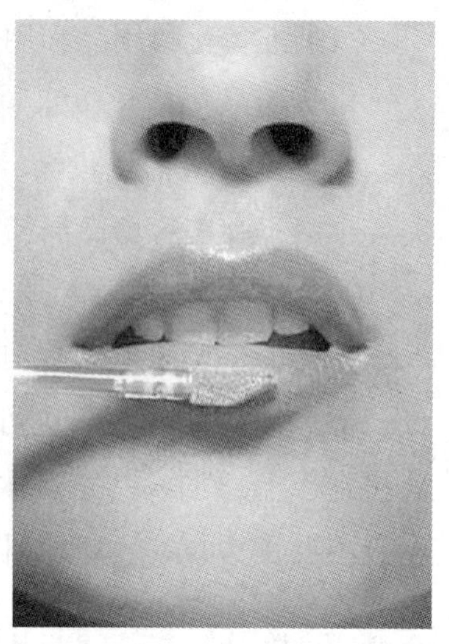

图 2–6　唇部化妆

2. 注意事项

（1）忌浓妆艳抹

家政服务员在日常家务劳动时不能浓妆艳抹，否则会给人一种妖艳、轻浮的感觉。化妆要自然淡雅，以简洁明朗为好。

（2）化妆应分时间和场合

日常工作时间只涂护肤品即可，如果雇主家中有贵宾时可化妆。去社交场所时可根据需要适当化妆，参加舞会、宴会可适当化妆；参加葬礼和吊唁活动，一般不化妆，更不能化浓妆。

（3）忌使用具有浓烈刺激气味的化妆用品。特别是雇主家中有小孩时，更要注意化妆品的选用，最好使用儿童护肤品，既健康又不影响、危害他人。

三、服装服饰

1. 着装得体

从礼仪的角度看，着装不是简单地等同于穿衣。着装是人们基于自身的阅历修养、审美情趣、身材特点，根据不同的时间、场合、目的，力所能及地对所穿的服装进行精心的选择、搭配和组合。着装得体是对每个家政服务员的基本要求。要做到着装得体，就要了解着装的基本原则，掌握基本技巧。

（1）家政服务员着装的基本原则

1）干净整洁。干净整洁是着装最基本的原则，在任何情况下，服装都应力求整洁，避免肮脏和邋遢。家政服务员不但要把雇主家里收拾得干干净净，也要把自己打扮得清清爽爽。无论是夏装、冬装、内衣、外衣，还是衣物、鞋帽，都要经常换洗。家政服务员还要时常注意自己衣服的领口、袖口，尤其是在夏季时，衣服、袜子要每天换洗。遇到节日或雇主家有贵客来访时，应换上整洁美观的服装。

另外，家政服务员因工作的需要最好能够穿戴相应的防护服装，如照料婴幼儿时最好穿上一件专用的棉质外衣；做饭时最好穿上围裙类防护服。

2）文明大方。在日常生活中，人们不仅要穿衣戴帽，而且要着装文明大方，要符合社会的道德传统和常规做法。在正式场合，忌穿过露、过透、过短、过紧的服装。身体部位的过分暴露不但有失自己的身份，而且也失礼于人，使他人感到多有不便。

3）方便得体。家政服务工作常常因场所不同、工作内容不同、时间不同而有所变化，家政服务员的着装也应因时因地而异。在雇主家做家务时，服饰应以轻松、和谐、舒适为要，款式比较随意、方便行动的便装、休闲装比较合适；接待宾客则应穿戴整洁；如果陪伴雇主去高级酒店、歌剧院就要着装正式些、讲究些，甚至要求穿礼服；若陪雇主去海边游玩，泳装、沙滩服、太阳裙则很般配；陪雇主参加葬礼和吊唁活动，就应穿冷色调的正装；陪雇主参加婚礼庆典活动，则不能穿过于昏暗、陈旧的服装；随雇主去别人家赴宴，家政服务员的服装就不应比雇主的更艳丽。

（2）着装注意事项

1）忌过于随意。着装不能过于随意。家政服务员虽然是在雇主家里工作，但穿着也不能过于随便，仍然要注意在雇主和宾客面前的形象。

2）过于紧身、包裹躯体，突出自身线条的服装不宜穿。

3）过于单薄，明显透出内衣的服装不宜穿。

4）过于暴露肢体，如低胸、超短裙、露肚脐的服装不宜穿。

5）不能只穿一件薄衣而不穿内衣。

6）要了解衣服的穿法，如带有踏脚带的裤子只能穿高帮鞋，在家里穿就不合适；紧身体操裤在运动场合穿能显示肢体美，而在住家环境中穿就不得体；穿裙装就不要在裙子下摆露出秋裤；等等。

7）忌光脚。家政服务员每天都要穿袜子，光着脚或露出脚趾接待宾客是极不礼貌、极不雅观的。

8）忌不洁和易产生静电的衣物。不要穿着被污染的衣服去厨房做饭或进卧室抱小孩，尤其不能穿毛衣或容易产生静电的服装抱婴幼儿。

2. 饰物佩戴

陪伴雇主出入社交场合时，家政服务员往往会佩戴一些饰物，为此，还需了解一些关于饰物佩戴的常识。

饰物是与服装同时使用，发挥装饰作用的一切物品，如首饰、手表、帽子、手帕、包袋等，其中最重要的饰物自然是首饰，而首饰又以戒指、项链为主。佩戴饰物时要注意以下几点。

（1）要考虑整体效果

一般情况下，全身的首饰最好别超过 3 件，除非参加宴会。

（2）要善于灵活多变

灵活多变要以不变应万变，选择的点缀装饰物要能与各种服装款式相协调，提高饰物的适用功能。

（3）要注意自身特点

首饰的佩戴要注意照顾人体自身的因素，要与人的体型、发型、脸型、肤色及服装协调一致。

（4）注意场合

佩戴首饰应与所处的环境、场合相适应。不同的场合对于首饰的质地、款式、形式要求不同，因此应采取不同的合理佩戴方式。

（5）注意季节性

一般地说，由于季节不同，对于饰物的质地、色彩、形式以及佩戴取舍的要求也不同。

（6）注意传统习惯

佩戴首饰要注意各地的风俗习惯、传统观念。不同地区的人对首饰的质地、色彩有着不同的喜好。

（7）不要多而杂

戴了耳环，最好不要再佩戴胸针或手镯，因为这样搭配较为呆板，佩戴同色同系列的项链或戒指最合适。

（8）工作时不要佩戴各种手镯、手链、戒指、项链等饰品

一方面是不卫生或影响工作，另一方面防止婴儿有意无意地抓扯，杜绝安全隐患。

培训课程 3 家庭服务礼仪

为确保高效、优质的家政服务质量，家政服务员必须掌握相关的家庭服务礼仪。

一、日常服务

1. 递送物品

递送物品的礼仪是家政服务员不可忽视的。递送物品的同时也传递着内心深处的信息。递送物品不能离雇主太近，太近容易影响对方进餐或谈话。本着把方便留给他人的原则，在递送剪刀、铅笔等带尖的物品时，应把剪刀头或笔尖的一面朝向自己，如图 2–7 所示。接受别人的物品时要用双手接，动作要优雅、轻巧，不能有抓的感觉。

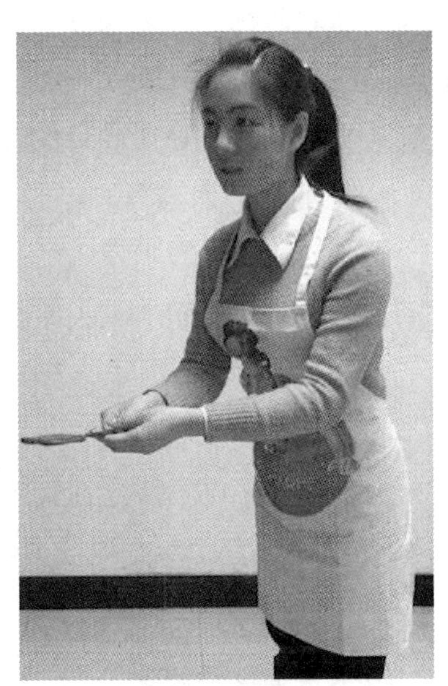

图 2–7　递送剪刀

2. 整理物品

在居室整理的过程中，家政服务员要养成把挪动过的家具、用过的工具放归原处的习惯。桌上的纸条、报纸、花束、仪器等，若没有雇主吩咐，不能随便扔掉。无论雇主是否在家，家政服务员都不要触摸与工作无关的家用电器，不擅自翻阅雇主的书报、杂志等物品，更不要拾取雇主扔掉的任何物品。

3. 出入大门

进出大门，特别是弹簧门，家政服务员通过后一定要关心紧跟着的他人，如门楣有门帘，自己通过门帘后要把拉开的门帘递交给紧随的其他人，让他们通过。

家政服务员到雇主家，入门前应先敲门或按门铃，如门开着，有人在家，也应先轻声敲门，并说："可以进来吗？"在得到准许后方可轻轻推门而入；进入雇主家任何人卧室前，只要屋内有人，一定要先轻敲屋门，得到许可回应后方可进入。一般生活在城市的居民都有关门的习惯，无论是整幢楼的大门还是自家的家门，都要随手关门。

除了夜晚，平常不锁自己住的房门。

4. 上下电梯、步梯

如果乘坐电梯，家政服务员应让雇主或客人先上下电梯，并用手按住开关按钮，使雇主或客人有充足的时间上下电梯。如果人多，可以等下一趟电梯，不要硬往电梯里面挤。在电梯里不要大声谈论，尤其是有争议的问题或有关个人隐私的话题。如果走步梯，无论上楼还是下楼一般都应靠右侧。迎客时，应走在客人的前面几步引导客人，送客应走在客人的后面，由于走楼梯不方便交谈，因此，最好等到达目的地后再交谈。

5. 服务"六忌"

（1）忌乱动雇主家人的贵重物品。

（2）忌背着雇主家人东抓西抓找吃的。

（3）忌领外人、老乡到雇主家。

（4）忌摆放物品没有条理，毛手毛脚。

（5）忌账目不清，钱物不符。

（6）忌与邻里攀比，议论雇主家庭条件。

二、接待来客

接待来访宾客是家政服务的一项工作，接待宾客能力的强弱，可直接反映家政服务员综合素质的高低。

1. 接待准备

（1）布置接待环境

首先要营造一个良好的待客环境，要尽量把接待宾客的房间布置得清洁、明亮、整齐、美观。待客室要备有方便主宾交谈的沙发、椅凳和放置茶水的桌子或茶几，且必须卫生整洁，让客人一进门就感受到该家庭的洁净和温馨。如果没有专门的接待房间，也可以布置一个清洁明亮的角落，使客人进门后能够立即落座，从容交谈。接待环境的空气应清新，温度要适宜，可在窗台、屋角摆些盆景花卉。

（2）准备接待物品

为了方便客人进房后脱放外衣，最好备有衣帽架或衣帽钩。若需客人换鞋，应随时准备好干净的拖鞋。招待客人的茶壶、茶杯、茶叶、烟灰缸等要随时准备好，有时还要根据雇主的要求准备水果、小吃及香烟等物品。

（3）调整接待心理

接待客人还要做好心理准备，要从心理上尊重宾客，善待宾客，还要注意自己的服饰仪表，让客人感到主人家确实做好了各项准备，欢迎自己。

2. 接待方法

（1）问候和迎客

在开启大门后，家政服务员要以亲切的态度、微笑的面容先向客人礼貌问候，如“您好”“欢迎您”，对认识的客人也可以直接称呼，如“张先生，您好”“李阿姨，欢迎您”。如果有不认识的人，可先问明对方尊姓，然后立刻称呼和问候，并向雇主禀报。一般情况下不必与客人握手，如果客人把手伸过来，要顺其自然随之一握，并请客人进屋。如客人需要脱外衣、放雨伞、换拖鞋，应主动给予帮助。如果家中有孩子，也要嘱咐孩子向客人问好。如果客人手中有重物，招呼过后，应接过重物帮助放好。若客人手中提的是礼物则不能主动上前接过。如果雇主不在家，且未有明确交代，则不要轻易接待客人，应请示雇主后再行决定是否接待客人。

（2）引导宾客

当听到门铃声或敲门声时，要迅速应答，同时前去开门。如果门是向外开的，用手或身体挡住门，让客人先进入；如果门向内开，家政服务员应先进入，按住或挡住门后再请客人进入。在挡门时，要侧身，留有充分的出入口，并且面对客人微笑着说“请进”及伸手示意方向。请客人进入后再慢慢关上房门，跟随进屋。

在带领客人会见主人时，要配合对方的步调，在客人左前侧作引导。引导行走时上体稍向右转体，左肩稍前，右肩稍后，侧身向着来客，保持两步左右的距离，可边走边向来宾介绍环境，同时留心观察来访者的意愿。要转弯或上楼梯时，先要有所动作，必要时言语提示对方所往何处。如果要带客人到主人的房间，应先敲门，得到允诺后再开门并引导客人进入。

（3）招待宾客

1）接待宾客首先要注意座位的安排。客人进房后，通常请宾客坐上位，即离房门较远的位子，而离门口近的座位为下位。目前国际上通常认为右为上，因此入座时常请宾客坐在主人的右侧。如若宾客是一对夫妇，最好让他们坐在一起，而不要分开。一般来讲，坐长沙发比坐单人沙发更显尊贵。当然具体如何让座，要根据雇主家待客房间的环境、座位的优劣、用茶的方便以及雇主的习惯综合考虑。

在请进让座接待中，家政服务员要同时有“请、让”的接待声音和相应的手势，并立即请客人落座。当然要根据实际情况选择座位较好的沙发、椅子。客人到访后，家政服务员的主要任务就是满足客人的需要，不要把客人冷落一旁。

2）其次要以礼待客。客人落座后，首先应端茶递水，如果是盛夏，也可以送上清凉饮品，如有可能，可以提出几种饮品请客人选择。首次沏茶入杯不要倒得太满，通常七分满即可。送茶时最好使用托盘，将茶杯放入托盘内，以齐胸的高度捧进，先将托盘放在桌上，再取出茶杯，双手敬上，先宾后主，并轻声招呼：“请用茶！”如图 2–8、图 2–9 所示。

图 2–8　敬茶礼仪

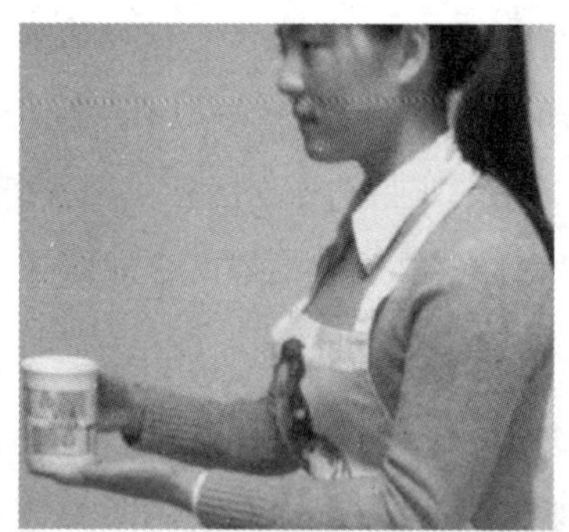

图 2–9　递水礼仪

家政服务员要注意将茶杯放在安全的地方，且杯耳朝着客人。如需要将茶壶放置在桌上，应将茶壶嘴对外而不能对人。退出时，通常应手持托盘，面对客人倒退几步，在离开客人的视线后再转身背对客人静静退出。如果送茶时房门已关，应先敲门，在得到允许后再开门，然后说声“对不起”再进屋。若客人停留时间较长，应随时主动为客人续水敬茶；续水时，要将茶杯拿离茶桌，以免倒在桌上或弄脏客人衣服。

雇主会客时如无明确要求，在他们谈话时，家政服务员尽量不要在屋里走动、干零活。在接待过程中，可以根据雇主的指示为客人送上些水果、小吃等。如果客人带着孩子，应给小孩取一些糖果和玩具，并可以让雇主家的孩子与客人的孩子一起玩耍。如果雇主会客时带着小孩不方便，可请示雇主：“您若没有什么事，我可以带孩子到别处玩；若有事，您可以随时叫我。”当得到雇主的同意后，应对客人礼貌示意，随后带孩子到别处玩耍。

如果客人已逗留至快用餐时间，雇主和客人均无告别之意，家政服务员应请示雇主是否需要备餐。注意，请示时要将雇主请到别处再问，并要了解清楚饭菜的特点和丰盛程度，切忌当着客人的面就请示雇主是否需要备餐；若需要备餐，应主动按要求准备饭菜。餐后应准备些洗干净的水果，必要时要去皮后放在客厅的茶桌上供客人享用。

（4）送客

如客人提出告辞，要等客人起身后再随主人相送，且应跟随在主人之后，切忌没等客人起身，先于客人起立相送，这是很不礼貌的。“出迎三步，身送七步”是迎送宾客最基本的礼仪，因此，每次待客结束，都要以欢迎“再次见面”的心情恭送对方回去。通常当客人起身告辞时，家政服务员应主动为客人取下衣帽，必要时可帮其穿上，同时选择最合适的言辞送别，如“希望下次再来”等礼貌用语。

当确定客人已离去且已走远后再轻轻地将门关严，一定不能客人刚出门就将门“砰”地关上，否则，会让客人感到来此做客是不受欢迎的。客人告辞时如带有较多或较重的物品，送客时应帮客人代提重物，并按照引导客人的礼节送客，尤其对初次来访的客人更应热情、周到、细致。通常平房住户可考虑送客到大门口，高层住户可考虑送到电梯口。与客人在门口、电梯口或汽车旁告别时，要目送客人上车或离开，要以恭敬真诚的态度、笑容可掬的脸色鞠躬或挥手致意；不要急于返回，应待客人完全消失在视野中，或电梯门关闭后，或车行驶出视线后才可结束告别。

案例 2.2

生人来访要禀报

一天，彭阿姨家的门铃突然响起，家政服务员钱某急忙去开门，尽管她并不认识来人，但她还是直接把来人领进门。没等彭阿姨从卧室里走出，来人就把卧室门给踹开了。原来是彭阿姨的前夫来找碴的。见此情景，彭阿姨非常气愤，与前夫大吵起来，很快又有了肢体冲突。钱某不知所措，更让她始料未及的是，前夫把彭阿姨一把推倒，“咚”的一声，彭阿姨的头部撞在柜子上……事后，钱某很是后悔。

案例点评：

钱某当然不是伤害彭阿姨的“真凶”，但如果钱某处置得当，也许彭阿姨可以躲过这次伤害。遇到自己不熟悉的来访者，家政服务员应先问明对方名字，并向雇主禀报。获得雇主允许后，方可开门迎客。

案例 2.3

自作主张不可取

一个周末的上午，孙老师夫妇前去学校人事处王处长家拜访，谈话非常愉快。眼看快到中午了，家政服务员乔某就赶紧张罗午饭。心灵手巧的乔某很快就做好了满满一桌子美食。一切准备就绪后，乔某就到客厅请主、客用餐。这时，只见王处长夫妇静静地坐在沙发上看报纸。原来小李进厨房不久，孙老师夫妇就告辞了。备好的五人餐只剩三人享用了。

案例点评：

快到饭点时，乔某主动备餐，这是值得肯定的。但乔某不该自作主张。在备餐之前应该把雇主请到别处询问，看是否要准备客人的饭，并要了解清楚饭菜的特点和丰盛程度。这是对雇主的尊重，也是避免饭菜剩余或不足的重要保障。

三、接打电话

电话是现代家庭对外联络的重要工具，接打电话有丰富的礼仪技巧。

1. 接听电话

（1）及时接听

一般情况下，电话铃响两声后应立即接听电话。如果家中有人而让对方等待较长时间，会让对方感到不被尊重。如果确实不能马上接电话，拿起听筒应先说声："对不起，让您久等了。"但是，也不能电话铃一响就立即把电话接起来，这样容易导致电话断线，还会让对方感觉很突然。

（2）应答有礼

接起电话，要以温和的语气先问好，也可以报上雇主的姓或名，如"您好！这里是王家"或"您好，这里是王辉家"；然后再问清对方要找哪一位及对方的姓名，如"请问您找哪一位""请问您怎么称呼""请您稍等"。

（3）做好记录

如雇主不在家，要清楚地告诉对方，如"对不起，他（她）现在不在家"。这时要注意不应该先询问对方姓名，再告诉对方雇主不在，否则，会让对方怀疑雇主实际在家。若来电话人有事相告，家政服务员可以协助对方为雇主做好留言，如"您看，我能帮您记一张留言吗"。通常要记录的内容包括谁来的电话、来电话的时间、来电话找谁、电话的主要内容、电话中提到的时间和地点、是否需要回电话、来电话人的联系方法及联络号码等，做好电话记录，以便雇主回来后明白是否需要与对方联系。

2. 拨打电话

（1）选对时间

给别人打电话时，首先要考虑这个时候对方方不方便接听电话。通常早 8 点之前和晚 10 点以后，往对方家里打电话不合适。当对方有可能非常忙碌时，打电话也不合适。如果打越洋电话，事先要搞清楚地区时差及各国工作时间的差异，以免出现尴尬。

（2）充分准备

先将要打的电话号码、要找的人名、要说的事情搞清楚，准备好再拨叫。尤其要明确打电话的要点，如要讲几件事时，应考虑好先后顺序，重要的事最好先说，使对方能够听明白，记清楚。需要时可将要点先写下来。

（3）简洁明了

电话接通后，应先报上自己的姓名，再询问要找的人是否在。电话中联络事情要简短明了，不要无休止的聊天。通常通话过程是：简单寒暄，进入主题，终止通话。

3. 接打电话注意事项

（1）规范通话举止

拨打电话时，话筒与嘴的距离保持在 3 厘米左右，嘴不要贴在话筒上。不能把话筒夹在脖子上，也不能趴着、仰着、坐在桌角上，更不能把腿架在桌子上。不能懒散地向后靠着椅背、不停地抖动着腿或跷着二郎腿。挂电话时要轻放话筒。

（2）通话耐心、有礼

忌用急躁不耐烦的音调和粗鲁的言辞。如“喂！找谁”“你是谁”“你等着”。如果对方问你是谁时，家政服务员要清楚地告诉对方，“我是他（她）家的服务员”，不要躲闪或不回答。在与对方通话时要认真聆听，不要随便打断，并要语气温和地应答。结束通话时要说告别语。如“再见”“谢谢您”等，并在对方挂断电话后再轻轻地放下听筒。

（3）记录全面准确

留言的字迹要清楚，记下的内容、联络号码要与对方核对确认。

（4）征求雇主同意

工作时，个人手机要调成振动，以免打扰他人。打私人电话或长途电话时，应先向雇主说明，得到允诺后再打。

（5）吐字清晰，语气和善

要以尊重对方的心态、礼貌的话语认真对待电话应答。通话的语调要稍高，吐字要清楚；说话的语气、声音要和善，不急促，不粗暴。

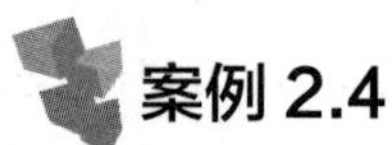

案例 2.4

接听电话要有礼貌

一天，程老师和老伴外出郊游去了，只有家政服务员孟某在家。无事可做时，孟某守在电话机旁用手机通过 QQ 与远方的同学小李聊天。这时程老师远在美国留学的女儿打来电话。一听到电话铃声，孟某马上拿起话筒：“喂，家里没人，你打他们的手机吧。”说完，“啪”的一声就把电话挂断了。

案例点评：

家政服务员孟某的做法极其不当。首先，不该在铃声一响就接电话。其次，孟某的应答很不礼貌。正确的做法是：电话铃响过两声之后再拿起话筒；通话时先向对方问好，再清楚地告诉对方雇主不在家，如有必要还需做好记录，以便雇主回来详细告知。

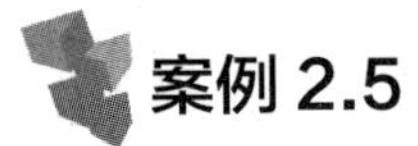

案例 2.5

雇主电话不可随意用

张大爷近来很是闹心，平时每月只需 30 元的固话费，上个月一下子涨到 85 元，老伴陪他到电信营业厅里查个究竟。一看通话清单，老人差点气得晕过去。原来通话清单上显示的号码大都是以 0372 开头的，比平时多出的 50 多元话费竟然是家政服务员刘某消费的，且刘某未向雇主说明情况！一气之下，张大爷把刘某给辞退了。

案例点评：

家政服务员打私人电话或要打长途电话，应先向雇主说明，得到允诺后再打，绝不能私自使用雇主家的电话，更不能用雇主家的电话“煲电话粥”。

四、人际交往

1. 致意

致意是两个原本认识的人在一天中首次见面时的礼节，是用语言或行为向别人问好，表示自己的慰问。每天早晨起床后见人要先打招呼，问声“早上好”或“您好”。当别人向自己打招呼的时候，家政服务员应立即回应“您好”或者“谢谢，您好”。

2. 握手

握手不仅是表示友好的举止，还是一种表示祝贺、感谢、慰问、相互鼓励的善意行为。

行握手礼时，要距离受礼者约一步，上身稍前倾，两足立正，伸出右手，四指并齐，拇指张开向受礼者伸出，在齐腰的高度握住对方的手。通常情况下，与人握手时，应面带微笑，目视对方双眼。上身要略前倾，头要微低。握手时如戴有手套应立即脱去，不能戴着手套与他人握手（女士如身着晚礼服时，则不必脱掉晚装手套）；如果他人要与你握手，而此时自己的手恰好腾不出来，应立即说声对不起，并向对方加以说明。用力要适度，不轻不重。握手时间的长短可根据双方亲密程度灵活掌握，通常是握紧后打过招呼就松开。初次见面者，一般应控制在 3 秒以内，切忌握住对方久久不松开。

握手讲究一定的顺序，谁先伸手也是必须注意的。根据礼仪规范，握手时双方伸手的先后次序，一般应当遵守“尊者先伸手”的原则，应由尊者首先伸出手来，位卑者只能在此后予以响应，而绝不可贸然抢先伸手。

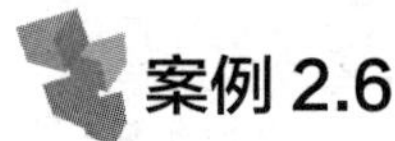

案例 2.6

待人接物要懂礼

有一次，家政服务员徐某陪同王教授前往机场迎接客人。当客人到达时，徐某发现来客正是之前她服务过的张院长。一见到自己的老雇主，徐某就面带微笑，抢在王教授之前与张院长握手致意，表示欢迎，弄得王教授很是不悦。

案例点评：

徐某违反了握手的正确顺序，违背了“尊者先伸手”的原则，是一种失礼的行为。

3. 介绍

介绍是交际之桥，是使别人认识自己或使陌生的双方相互认识的一种礼节和方式。

（1）自我介绍

介绍用语要简洁，礼貌得体。介绍的内容包括称呼对方、自己的姓名和身份、想要结识对方的目的。自我介绍时，有必要先向对方打一下招呼，如说：“阿姨，您好！我叫陈英，我愿意做家务，您愿意和我谈一谈吗？”态度要诚恳，要实话实说，要有自信，要面带微笑。

（2）介绍他人

介绍者作为中间人，既要使被介绍双方认识，又要兼顾同双方的关系。措辞、语态要根据具体情况而定。介绍之前向双方打个招呼，使双方都有准备，自己也能更从容一些，如说：“李阿姨，我给您介绍一下，这是我的表姐刘丽，也是服务员。小丽姐，这就是我的雇主李阿姨。”

（3）面对别人的介绍

当别人向家政服务员作自我介绍或家政服务员被介绍给别人时，如果家政服务员正坐着，应该马上起立，尤其面对长辈时，更应注意礼貌。当介绍人说完以后，家政服务员应微笑着向对方说一些应答的话，如说："李阿姨您好，我很高兴认识您，谢谢这些年对我表妹的关照。"

4. 询问

碰到自己不知道的事情，向他人求教，这就叫询问。向别人询问时一定要有礼貌。应视不同的询问对象选择不同的询问方式。向他人询问时有几点禁忌：一是不加称呼地乱叫，二是询问时不分场合、地点、时间，三是询问时涉及他人的隐私。

五、公共场合礼仪

家政服务员的工作领域并非局限于家庭，有时需要到医院陪伴孕产妇或照护病患，有时还需要陪伴雇主外出购物、旅游、健身等；因此，家政服务员要在工作中注意公共场合的礼仪。

1. 医院场合的礼仪

在病房内说话、走路和开门、关门的声音要轻，手机要事先调到静音或振动模式。注意保持病房清洁，维护病房周围公共场所整洁。

医生、护士查房时要起立迎接，主动问好，他们与产妇及家人沟通治疗等相关事宜时不要乱插嘴，主动协助医生、护士完成对病人治疗和护理前的准备工作。密切观察产妇和新生儿或陪护老人（病患）的变化和反应，如有异常现象及时通知医护人员。

有亲友探视时，要主动礼貌让座接待，代替接过礼品时要表示感谢。

不可在病房里接打电话，有急需电话要打，在确定产妇和新生儿或陪护老人（病患）暂时无事时，到走廊、水房等公共场所小声接听，并长话短说。

在医院公共休息场所行为举止要文雅得体，打水或乘坐电梯时要排队等候，进出电梯都要礼让尊者，按次序上下，不拥挤抢行。

2. 其他主要公共场合礼仪

乘坐公共场所电梯时，要站立在电梯右边一侧，给急需行走的人让开通道。进入电梯听到满员提示音要主动出来等待下一趟电梯。使用公共卫生间后一定自觉冲完再走，使用洗手池后，要在盆内甩净水滴再离开盆面。任何场合说话要注意控制音量，不要大声喧哗。

六、用餐礼仪

用餐时的举止也能充分体现一个人的素质修养。家政服务员长期工作、生活在雇主家里，要做到在雇主家服务期间，不出现失礼行为，给雇主留下一个有着良好素质的形象，用餐礼仪就是家政服务员不可缺少的一门必修课。

1. 动碗筷用餐的顺序

如果有长辈一起用餐，应让长辈先动碗筷用餐，或听到长辈说“大家一起吃吧”再动筷，不要抢在长辈前面。

2. 端碗的姿势

用碗吃饭时，要用手端起碗，大拇指扣住碗口，食指、中指、无名指扣碗底，手心空着。不要不端起碗而伏在桌上对着碗吃，既不雅观也不容易使食物消化。

3. 夹菜的顺序和礼仪

夹菜时应从盘子靠近自己的盘边夹起，不要从盘子中间或靠近别人的一边夹起，不能用筷子在菜盘里翻来翻去，眼睛不要老盯着菜盘子，一次夹菜不宜太多，遇到自己爱吃的菜，不可猛吃一气，更不能干脆把盘子端到自己跟前，大吃特吃。

4. 用餐的动作要文雅

夹菜时不要碰到邻座，不要把盘子里的菜拨到桌子上，不要大力搅动汤汁或将汤汁洒到桌上。嘴角粘有饭粒时，要用餐巾纸轻轻抹去，不要用舌头去舔。咀嚼饭菜时，嘴里不要有“吧唧”的声音；口含食物时，最好不要与别人交谈；开玩笑要有节制，以免口中食物喷出来，或呛入气管造成危险；确需与家人交谈时，应轻声细语。

5. 添饭的礼仪

在吃饭过程中，如需添饭，应尽量自己来，并应主动先给长辈和其他人添饭、夹菜，遇到长辈给自己添饭或夹菜时要及时道谢。

6. 吃饭时要注意力集中

吃饭时不要看电视等或做其他事情，尽快吃完离桌。

7. 吃饭时需要吐出剩物的处理

吃饭时，吐出的骨头、鱼刺、菜渣要用筷子或手取接出来，放在自己面前的桌子上，不要直接吐到桌面上或地面上。

8.“突发事情”的处理

如果要咳嗽、打喷嚏，要用手或纸巾捂住嘴，并把头扭向后方，吃饭嚼到沙粒或嗓子里有痰时，要离开餐桌去吐掉。

9. 饭后注意事项

饭后要去洗手间照镜子，检查面部和衣服上是否沾有食物碎屑，并及时清理。

七、恰当应对尴尬事务

1. 打哈欠

在大庭广众之下打哈欠是一种失态行为，大声地当着生人打哈欠更是缺乏教养的表现，因此，在社交场合要努力克制打哈欠。如果实在忍不住，要学会抿着嘴打哈欠，而且尽量避免被人察觉。

2. 打喷嚏

用手帕或纸巾捂住鼻子，转过身去，绝不能当着众人用力打喷嚏。

3. 打嗝儿

打嗝儿是一件令人不愉快的生理现象，如果止不住，马上拿一杯温水，憋着气不停地小口喝水，当憋不住时再吸气，这个方法很有效。

4. 咳嗽

咳嗽是无法克制的，但是要稍稍扭过头去，用手或手帕、纸巾捂住嘴。

5. 擤鼻涕

有鼻涕时要离座到洗手间或门外去擤，如果无法离座，就用纸巾轻轻地擤，不能大声地到处乱擤鼻涕，那是不卫生的缺乏修养的陋习。

八、学会与他人沟通

1. 善于倾听他人的谈话

学会倾听他人谈话，尊重对方，获得接受他人观点和意见的机会。在倾听过程中，学会从他人的谈话中了解雇主的立场以及雇主的需求、愿望、意见与感受；学会巧妙询问，利用一些巧妙的问话，从他人口中探出自己想要得到的信息或把自己的一些想法和意见表达出来。

2. 学会换位思考问题

学会从他人角度出发思考问题，特别是在工作中遇到雇主提疑似无理的要求时，如果从对方需求出发去考虑，会觉得他们的要求也有一定道理。学会站在雇主的立场上思考问题，雇主的想法和反应也就大都能被预测到，家政服务员就可以适当地调整沟通方式和方法，与雇主更容易沟通。同样，换位思考也能够帮助家政服务员不断地改进工作方式和方法，使其更容易开展各方面工作，更加深入雇主的心。

3. 学会和不同类型的雇主沟通

（1）及时准确判断出雇主的性格类型

根据雇主听别人说话时注意力的集中与分散，可以把雇主分为认真型、随意型、积极型、配合型等，然后使用不同的沟通方法和技巧与其沟通。比如与随意型雇主沟通，这类人听人谈话一般不够认真，常常忙于揣摩别人接下去要说什么，喜欢断章取义，而不想听别人的完整表述，而且他们易受干扰，甚至有些雇主还会有意寻找外在干扰。对于这种类型雇主，家政服务员应简明扼要地表述，并清楚地阐述自己的观点和想法，切忌长篇大论，以免雇主心烦。

（2）区别对待、顺应对方

根据雇主的不同特点区别对待，力求顺应对方的特点，选择有共同点的话题，有了共同性，彼此间的冷漠就会渐渐地消退，从而逐渐亲密起来。

4. 沟通中应该注意的细节

（1）沟通时要有一份诚心，只有以诚相待、以礼相待，才能取得他人的信任。

（2）在沟通过程中，应尽量使用规范性语言，保持适度的礼节，不能因为和雇主熟悉了就不注意礼节或者随便乱讲，甚至开些不必要的玩笑而引起误会，产生麻烦。

（3）有诺必行，答应别人的事一定要说到做到，千万不要夸大其词或妄下断语，否则会让他人产生不信任感。

（4）询问问题时，注意雇主的态度和忌讳，不要有强烈的好奇心，更不得随意询问收入等敏感话题。

（5）必要时，把雇主吩咐的事当面重新叙述一遍，以确定理解的正确性。尽量养成习惯把当天的工作有条理地讲给雇主，做一个既能干也会说的家政服务员。

培训课程 4 生活习俗

习俗，即习惯和风俗，是特定社会文化区域内历代人们共同遵守的行为模式或规范。由于自然环境、社会条件、经济水平的差异，各地区、各民族在长期的发展过程中，形成了具有地域和民族特色的习俗。所谓“百里不同风，千里不同俗”正是恰当地反映了风俗因地而异的特点。家政服务员要了解相关生活习俗，以便“入乡随俗”，进而有礼有节、高效圆满地完成各项服务工作。

一、我国少数民族习俗

我国是一个多民族国家，各个民族均有着本民族独特的生活习俗。家政服务员如受雇于少数民族家庭，就要尊重雇主所在民族的习俗、文化和礼仪，努力使自己适应对方，共同创造和谐的氛围，赢得雇主及其家人的好评。

1. 藏族

藏族主要分布在西藏自治区，以及青海、甘肃、四川、云南等地。藏族人多信喇嘛教。

敬献“哈达”是藏族对客人最普遍、最隆重的礼节，献的哈达越长越宽，表示的礼节也越隆重，如图 2–10 所示。藏族人在见面打招呼时，点头吐舌表示亲切问候，受礼者应微笑点头。有客人来拜访，藏族人等候在帐外迎接贵客光临。见到长者或尊敬的客人，要脱帽躬

图 2–10 敬献“哈达”

身 45°，帽子拿在手上接近地面。男女分坐，并习惯男坐左、女坐右。

藏族人对客人有敬献奶茶、酥油茶和青稞酒的礼俗。客人到藏族家里做客，主人要敬三杯青稞酒，不管客人会不会喝酒，都要用无名指蘸酒弹一下。主人敬献酥油茶，客人不能拒绝，至少要喝三碗，喝得越多越受欢迎。

藏族人最忌讳别人用手抚摸佛像、经书、佛珠、护身符等圣物，认为是触犯禁规，对人畜不利。

2. 维吾尔族

维吾尔族主要居住在新疆维吾尔自治区，信奉伊斯兰教。维吾尔族人接待客人，习惯把手按在胸部中央，把身体前倾 30° 或握手，并连声说："您好。"客人席地而坐，不能双腿直伸，脚底朝人。院落的大门禁忌朝西开，忌讳睡觉时头朝东脚朝西，忌随便走近灶台、水缸等。

在饮食方面，维吾尔族人喜欢喝奶茶、吃馕（见图 2-11），忌讳吃猪肉、狗肉、骡肉、鸽子。衣忌短小，上衣一般过膝，裤脚到脚面，最忌户外穿着短裤。

古尔邦节是维吾尔族传统的盛大节日。节日期间维吾尔族人民会着盛装载歌载舞庆祝，如图 2-12 所示。

图 2-11　馕

图 2-12　维吾尔族歌舞

3. 蒙古族

蒙古族主要居住在内蒙古自治区，信仰喇嘛教。蒙古族传统服装为绲边长袍，头上戴帽或缠布，腰带上挂着鼻烟壶，脚穿皮靴，传统住房为蒙古包，如

图 2-13 所示。传统礼节主要有献哈达、递鼻烟壶、装烟、请安等，还有鞠躬礼和握手礼。请客人进入蒙古包时，蒙古族人总是立在门外西侧，右手放在胸部微微躬身，左手指门，请客人先走。客人跪坐后，主人按浅茶满酒的礼俗热情敬献上奶茶和美酒，并把哈达托着献给客人。

招待来客的佳宴有手抓羊肉和全羊席，如图 2-14 所示。蒙古族人忌讳吃狗肉，不吃鱼虾等海味以及鸡鸭的内脏和肥肉。

图 2-13 蒙古包与蒙古族着装

图 2-14 蒙古族的全羊席

那达慕大会是蒙古族传统节目，一般在农历七八月份举办。

4. 回族

回族分布在全国各地，主要聚居在宁夏回族自治区，他们信奉伊斯兰教。每逢开斋节，回族的穆斯林均要沐浴盛装，去清真寺参加节日会礼、团拜等活动，如图 2-15 所示。通常各家都要炸“油香”，做“馓子”，招待客人，如图 2-16 所示。而在封斋的一个月中，健康的穆斯林必须斋戒，即每日黎明前吃好斋戒饭，从黎明至日落，禁止吃喝，日落后才可进食。在古尔邦节里，回族群众都要宰杀羊、牛或鸡、鸭、鹅等，体现杀牲献祭的风俗。

图 2-15 回族节日团拜

图 2-16 回族家庭聚会

在饮食方面，回族禁食猪、狗、驴、骡、马、猫及一切凶猛禽兽，禁食自死的牲畜以及非伊斯兰教徒宰杀的牲畜，禁止抽烟、喝酒，禁止用食物开玩笑，不能用禁忌的东西作比喻（如不能说某某东西像血一样红）等，甚至在谈话中也忌带“猪”字或同音字。忌用左手递送物品。

5. 壮族

壮族主要分布在广西壮族自治区，以及云南、广东、贵州三省。壮族信仰多神教，崇拜巨石、老树、高山、土地，祖先崇拜占有主要地位。每家正屋都供奉着“天地亲师”的神位。有的还信奉佛教。

壮歌久负盛名，壮族一般会定期举办对歌赛歌的“歌圩”盛会，如图 2–17 所示。壮族刺绣、竹芒编以及“干栏”建筑艺术等都很有名。

图 2–17　壮族的“歌圩”盛会

壮族饮食以大米、玉米、薯类等为主食，认为狗肉、野味是美味佳肴、珍品，普遍喜欢喝酒。龙州等地的妇女还有嚼槟榔的习俗，现在有些地方槟榔仍是待客的必需品。壮族一般不爱吃胡萝卜、西红柿、芹菜等。

壮族忌讳农历正月初一这天杀牲，有的地区的青年妇女忌食牛肉和狗肉。火塘、灶塘是壮族家庭最神圣的地方，禁止用脚踩踏火塘上的三脚架以及灶台。壮族人十分爱护青蛙，有些地方的壮族有专门的“敬蛙仪”，所以到壮族地区，严禁捕杀青蛙，也不要吃蛙肉。

6. 满族

满族大部分聚居在东北三省，以辽宁省最多。满族信仰萨满教。祭天、祭神、祭祖先时，以猪和猪头为祭品。

满族平时见面都要行请安礼，如果遇到长辈，要请安后才能说话。抱腰接面礼最为隆重。

满族家里一般都有“万字炕”（即一房西、南、北三面都是土炕），西炕最尊贵，用来供奉祖宗，不能随意去坐，如图 2–18 所示。挂旗也是满族盛行的一种风俗。春节时每家都要在门楣上、窗户上贴上挂旗。

图 2–18 满族“万字炕”

满族以稻米、面粉为主食，肉食以猪肉为主，过节的时候吃“艾吉格饽”（饺子），除夕要吃手扒肉，还有汤子、萨其玛等有民族特殊风味的食品。最大的禁忌是杀狗，禁吃狗肉，禁穿戴带有狗皮的衣帽。

7. 朝鲜族

朝鲜族主要分布在东北三省，多聚居于吉林延边朝鲜族自治州。朝鲜族是一个能歌善舞的民族，每逢节假日和喜庆日，朝鲜族群众就会载歌载舞。

朝鲜族喜欢吃米饭，也擅长做米饭，各种用大米面做成的片糕、散状糕、发糕、打糕（见图 2–19）、冷面等都是朝鲜族的日常主食。朝鲜族的泡菜享有

图 2–19 朝鲜族做打糕

盛誉，咸菜是日常不可缺少的菜肴。朝鲜族也有吃狗肉的习俗，但婚丧、佳节期间不杀狗、不食狗肉。常用一种叫“麻格里”的家酿米酒来招待客人。

二、我国主要传统节日习俗

中国的传统节日形式多样，内容丰富多彩，是我们中华民族悠久的历史文化的一个组成部分。传统节日的形成过程，是一个民族或国家的历史文化长期积淀凝聚的过程。

1. 春节

春节系阴历正月初一，是中国人一年中最隆重的节日。传统意义上的过年，一般从阴历腊月二十三开始至次年正月十五。春节的习俗主要有祭灶神、祭祖先、扫房子、清庭院、贴春联、挂年画、放鞭炮、备年货、做年饭、守岁、拜年等。节日期间的欢庆活动丰富多彩，别具特色，最热闹的是除夕夜的家庭团圆、共吃年夜饭，各类联欢活动如舞狮、舞龙等为节日增添了不少喜庆色彩。

春节期间有许多禁忌：早餐忌吃稀饭；忌叫他人姓名催人起床；忌跟还在睡觉的人拜年；忌吃药；忌动刀子和剪子；忌动针线；忌用斧子劈木柴；忌借钱；忌打碎家具（盘、碗、酒具等易碎物品），一般认为打碎器具，一年四季不吉利；忌倒污水、垃圾，忌扫地；忌被他人自口袋掏取物件；忌向人讨债；忌洗衣；忌说脏话、打架斗殴、吵架等。

2. 元宵节

农历正月十五为元宵节，又称元夕节、上元节、灯节，传统意义上它是过年的最后一天。人们常常通过看花灯、扭秧歌、跑旱船、猜灯谜、耍龙灯等活动庆祝这个节日，同时这一天要吃汤圆，取“团团圆圆”的意思。

3. 清明节

清明节既是农历二十四节气之一，也是中国重要的“时年八节”之一，一般是在公历 4 月 5 日前后。我国传统把清明节作为祭祀的节日。古代清明节时，人们有禁火寒食、踏青扫墓、祭拜祖先的习俗。如今清明节成为纪念革命先烈、缅怀英雄业绩、祭奠逝去的亲友家人的日子。

4. 端午节

每年阴历五月五日的端午节（又称端阳节）是中国传统的、富有特色的节日，相传是为纪念屈原而来。端午节的主要习俗是：吃粽子（见图 2–20）、饮黄酒、熏艾叶；有的地方，如青海还有系索（用五色丝线拧成的细绳，缚在手脚腕上）、插杨柳、戴香包等习俗，以驱虫和祈求吉祥平安，还要举行龙舟竞赛等庆典活动。

图 2–20 粽子

5. 中秋节

每年阴历八月十五日是中国民间的传统佳节——中秋节，也称“团圆节”“秋节”。人们常把这一天作为全家欢聚、团团圆圆的节日。吃月饼、赏月亮是这个节日的主要习俗。

6. 重阳节

我国阴历九月初九叫“重阳”，又叫“重九”。旧习这一天人们要上山登高，佩戴茱萸，以躲避瘟疫。同时这一天也是敬老节，人们吃重阳糕（见图 2–21），向老人祝贺。

图 2–21 重阳糕

7. 冬至节

冬至是我国农历中一个非常重要的节气，也是一个传统节日。冬至俗称“冬节”“长至节”“亚岁”等。北方地区有冬至宰羊和吃饺子、吃馄饨的习俗，南方地区在这一天则有吃冬至米团、冬至长线面的习惯。多个地区在冬至这一天还有祭天祭祖的习俗。

8. 腊八节

人们习惯上把农历的十二月称为腊月，把腊月的初八称为腊日或腊八，并将其当作一个传统节日即腊八节来对待。民间流传着吃“腊八粥”（见图 2–22）、泡腊八蒜（有的地方是“腊八饭”）的风俗。在河南等地，腊八粥又称“大家饭”，是纪念南宋名

图 2–22 腊八粥主料

将岳飞的一种节日食俗。

三、西方主要节日习俗

1. 圣诞节

圣诞节是每年的 12 月 25 日，是欧美国家一年中最重要的节日。无论外出多远，人们都会想方设法地赶回家与亲人团聚。

红、绿、白三色为圣诞色，圣诞节来临时家家户户都要用圣诞色来装饰。红色的有圣诞花和圣诞蜡烛，绿色的是圣诞树。通常人们在圣诞前后把一棵常绿植物如松树搬进屋里或者放置在户外，并用圣诞灯和彩色的装饰物装饰，它是圣诞节的主要装饰品。扮演圣诞老人也是圣诞节的一种习俗，如图 2–23 所示。

图 2–23　圣诞老人和圣诞树

2. 愚人节

愚人节是每年的 4 月 1 日。一年中只有在愚人节这一天，西方国家的人可以名正言顺地说谎，取笑别人，当然也会被人取笑。不仅如此，谁编造的谎言最离奇，最能骗人，那么其本人就会荣获“桂冠”。在这个尽情开玩笑的日子里，有些玩笑虽然开得过火，近乎于恶作剧，可是人们并不在意，因为大家都知道这一天是愚人节。

3. 复活节

复活节是为了纪念耶稣被钉上十字架，三天后死而复活的基督教节日。它是基督教与古代所谓异教风俗的结合物。历年复活节的实际日期最早可在 3 月 22 日，最晚则要挪到 4 月 25 日。根据各国不同的规定，人们都会或多或少地休假几天。过去，在多数西方国家里，复活节一般要举行盛大的宗教游行。游行者身穿长袍，手持十字架，赤足前进。他们打扮成基督教历史人物，唱着颂歌欢庆耶稣复活。如今节日游行已失去往日浓厚的宗教色彩，洋溢着喜庆的气氛，具有浓烈的民间特色和地方特色。复活节期间，人们还喜欢彻底打扫自己的住处，表示新生活从此开始。

四、我国主要宗教信仰

1. 佛教

佛教为世界三大宗教之一，起源于约 2500 年前的古印度，其创始人为释迦牟尼，是释迦族王公的儿子。这位王子在他 29 岁那年，离家出走，苦行、修道，35 岁那年终成正果，大彻大悟成佛。

对于出家的僧尼和其信教徒，佛教有严格的饮食戒律，出家僧尼终年素食，不吃荤、腥，不饮酒。他们认为荤、腥、酒之类的食物会乱性，所以这类食物被佛教所禁止。佛教派别不同，戒律也不同。对于一般信教徒的饮食，规定不一，有终年素食，也有每年固定月份素食的，还有每月中固定数日素食的，没有统一的戒律。

佛教的节日很多，主要有佛诞节、成道节、涅槃、盂兰盆会等。寺庙里设有住持，在我国还称为方丈。佛教徒在见面时，常常以两手当胸、十指相合来行礼，这就是佛教的通常礼节“合十”或“合掌”。他们在行礼时专注一心，绝无散漫之意，以表示对对方的敬意。在向佛、菩萨或上座行礼时，应该双膝着地，前额叩地，两手掌向上翻触地，就是常说的“五体投地”。这是一种对佛或菩萨虔诚的表示，一般非信教徒参拜佛或菩萨时行“合十”礼即可。

2. 道教

道教是我国东汉晚期形成的宗教派别，是中国历代封建统治的精神支柱之一。道教的道派很多，元代以后演变为两大教派，“正一道”和“全真道”。道教的戒律很多，少者五戒，繁者一千多戒。全真派对戒律比较重视，主张“炼丹修仙”，道士须出家，不结婚，不食荤腥。其五戒与佛教相同，即不杀生、不偷盗、不邪淫、不妄语、不饮酒。信奉正一派的道士一般有家室，俗称“火居道士”或“俗家道士”。道教的修斋也有许多种，如供斋、节食斋、心斋，修斋的日期也有很多种。各道观还订立了自己的清规和禁忌。

道教以神仙诞辰及祝厘、接驾、祭星、展墓等为节日，如玉皇圣诞、老君圣诞、蟠桃会、吕祖诞辰等。节日期间举行隆重的斋祭活动，供斋祭神，经常有道乐伴奏、唱颂舞蹈、法器罗列、供奉花果、叩拜祈祷等。大的宫观所在地往往伴随着庙会集市。

3. 伊斯兰教

伊斯兰教是世界三大宗教之一，兴起于公元7世纪，创始人为穆罕默德。伊斯兰教的基本信仰是：世界上只有一个神，他的名字叫安拉，即真主。信仰者必须服从安拉的意志，称为“穆斯林”（阿拉伯语“服从者”之意）。穆斯林要履行宗教义务，如做礼拜、去麦加朝觐、斋戒等。

伊斯兰教教义体现在《古兰经》中，它不仅是宗教经典，同时也是穆斯林的基本道德规范。根据《古兰经》，穆斯林禁止食用猪肉、自死之物、血液以及未诵安拉之名而宰的牛、羊、驼、鸡、鸭、飞禽等，还有勒死的、捶死的、角抵死的、野兽吃剩下的动物都是禁食之物。他们认为这些都是“不洁之物”。虔诚的穆斯林不喝酒、不碰酒也不卖酒。

伊斯兰教的主要节日有“开斋节”和“古尔邦节”。“开斋节”（见图2–24）在斋月结束后的第一天即伊斯兰历十月初一，这一天人们聚会美餐，庆祝斋戒的结束。伊斯兰历的十二月十日是“古尔邦节”，节日这一天，人们要按照规定仪式宰杀牛、羊和骆驼，还举行重大的宗教仪式。穆斯林敬拜安拉的主要仪式叫“礼拜”，即在规定的时间以固定的程序，面向圣地麦加，朝拜安拉。礼拜可以在清真寺内举行，也可以在家里、郊外、车船等干净的地方举行。

图2–24　伊斯兰教开斋节场景

五、中西方民俗区别

1. 谦虚并非美德

中国人视谦虚为美德，但是西方人却把过谦视为虚伪的代名词。所以，同西方人交往，应该大胆说出自己的能力，有一是一，有二是二，不必谦虚客气，否则反而事与愿违。

2. 同陌生人打招呼

在路上、电梯内或走廊里，常常与迎面走来的人打照面，目光相遇，这时西方人的习惯是用目光致意。不可立刻把视线移开，或把脸扭向一边，佯装不见，只有对不顺眼和不屑一顾的人才这样做。

3. 交谈时的话题

参加西方人的聚会时，切莫只谈自己最关心最拿手的话题。谈论只是自己熟悉的话题，会使其他人难堪，产生反感。只谈论个人业务上的事，加以卖弄，也会使其他人感到你视野狭窄，除了本行之外一窍不通。

4. 重视孩子

西方人讲究大人、孩子一律平等，到西方人家中做客，他们的孩子也一定出来见客，打个招呼，这时，千万不要只顾大人冷落了孩子，那样势必使他们的父母不愉快。跟小孩子打招呼，可以握握手或亲亲脸，千万不可以触摸孩子的头部，如果小孩子亲了你的脸，你也一定要亲亲他的脸。

5. 同性不能一起跳舞

同性不能双双起舞，这是西方社会公认的社交礼仪之一，同性一起跳舞，旁人必定投以责备的目光，或者认为他们是同性恋。因此，即使找不到异性舞伴，也绝不能与同性跳舞。

6. 莫在别人面前脱鞋

在西方，若是在别人面前脱鞋或赤脚，会被视为不知礼节的野蛮人，只有在卧室里，或是热恋的男女之间，才能脱下鞋子。女性若在男性面前脱鞋子，那就表示："你想怎样就怎样了"；男士脱下鞋子，就会被人当作是丛林中赤足的土人一样受到蔑视。无论男女在别人面前拉下袜子、拉扯鞋带都是不礼貌的。鞋带松了，也应走到没人的地方系好。

7. 不可在别人面前伸舌头

西方人认为在别人面前伸出舌头是一件既不雅观又不礼貌的行为，给人以庸俗、下流的感觉，甚至可以解释为瞧不起人。

8. 使用洗手间之后

中国人的习惯是随手关门，厕所没人时最好关严，西方人则习惯厕所门开道小缝，表示里面没人，如果关严，意味着里面有人，别人只好在外面苦等。

5 培训课程

家庭人际关系

一个人能否与他人建立良好的人际关系，对自己的工作和生活均有着深刻的影响。人际关系良好，人与人之间感情融洽，相互谅解、体贴，工作上相互配合、协调，有利于发挥积极性，提高工作绩效。相反，人际关系紧张，人与人之间相互猜疑、提防，必然影响人的心理和健康，影响工作情绪，降低工作绩效。家政服务员的主要工作场所是雇主家里，需要经常面对雇主家人及其相关人员。了解家庭人际关系，掌握与雇主家人及其相关人员相处的技巧，是做好家政服务工作的重要保障。

一、家庭人际关系

1. 家庭及家庭人际关系

（1）家庭及家庭结构

家庭是以婚姻关系为基础、以血缘关系（包括领养关系）为纽带，有共同经济生活的社会基本组织单位。从社会设置来说，家庭是最基本的社会设置之一，是人类最基本、最重要的一种制度和群体形式；从功能来说，家庭是儿童社会化、供养老人、经济合作的人类亲密关系的基本单位；从关系来说，家庭是由具有婚姻、血缘和收养关系的人们长期居住的共同群体。

家庭结构有传统家庭结构和非传统家庭结构之分。传统家庭结构一般按照家庭的规模来划分，主要有核心家庭和扩展家庭两类。核心家庭是由一对父母和未成年子女组成的家庭。扩展家庭又分为主干家庭和扩大联合家庭。主干家庭是由一对父母和一对已婚子女（或者再加其他亲属）组成的家庭，扩大联合家庭是由一对父母和多对已婚子女（或者再加其他亲属）组成的家庭。

随着时代的变迁以及社会的发展，又涌现出大量的非传统家庭结构，主要有单亲家庭、单身家庭、重组家庭、丁克家庭、空巢家庭等。由单身父亲或母亲养育未成年子女的家庭称为单亲家庭，人们到了结婚的年龄不结婚或离婚以后不再婚而是一个人生活的家庭谓之单身家庭，夫妻一方再婚或者双方再婚组成的家庭是重组家庭，双倍收入、有生育能力但不要孩子、浪漫自由、享受人生的家庭为丁克家庭，只有老两口生活的家庭叫空巢家庭。

目前，我国核心家庭居多，空巢家庭也占有较大的比例。

（2）家庭人际关系

家庭人际关系是基于婚姻、血缘或法律拟制而形成的一定范围的亲属之间的权利和义务关系。家庭人际关系基本上有两种——夫妻关系、血缘关系。

1）夫妻关系是婚姻关系，它是家庭中最主要、最基本的关系。夫妻是家庭的基本轴心，只有夫妻感情融洽，互爱互助，才能形成温馨和睦的幸福家庭。

2）血缘关系是家庭的纽带，主要表现为亲子关系和兄弟姐妹关系等，其中亲子关系是最为重要的血缘关系。中国的亲子关系历来为“反馈”模式，即父母养育子女长大成人，子女孝敬父母养老送终。

由婚姻和血缘关系形成的家庭关系是庞杂的，但随着家庭结构小型化、核心化，三代及以上共同生活的家庭越来越少，空巢家庭反而越来越多，赡养关系、赡养方式也发生很大变化，家庭生活服务社会化越来越重要，从而促进了家庭服务业的健康发展。

2. 建立良好人际关系的重要性

家政服务员每天都将面对雇主家庭中的每一个成员，其劳动过程也就是和他人相处的过程，因此，与雇主家人建立良好的人际关系就显得尤为重要。

（1）与雇主家人建立良好人际关系是家政服务员顺利工作的前提

家政服务员自参加工作之日起，就要直接面对雇主家庭中的每一个成员，无论是料理家务、照看小孩、照顾老人，还是护理病人、护理孕（产）妇，其劳动都是服务雇主家人，劳动过程也就是和雇主家人相处的过程，如若不能与雇主家庭成员建立良好的人际关系，工作就难以顺利开展。

（2）与雇主家人建立良好人际关系是家政服务员取得良好业绩的重要保障

俗话说：“干活不由东，累死也无功。”家政服务员工作的好坏，受雇主的直接监督，雇主是主要的、直接的评价者。雇主评价家政服务员的劳动除了看工作质量、积极性、服务态度等客观表现外，还会从他们自身修养、爱好等角度，用主观标准进行衡量。人是理性的、情感丰富的高等级动物，人与人相处的基础是感情，如果家政服务员与雇主的感情基础好，雇主就会在信任、爱护的基础上评价其劳动，会更多地看到家政服务员的长处，会给出家政服务员一个漂亮的成绩。

（3）与雇主家人建立良好人际关系有利于家政服务员的身心健康及未来发展

在从事家政服务工作的同时，家政服务员与雇主家庭成员朝夕相处，事实上家政服务员已成为该家庭的一定时期内共同生活的成员。这一特定的身份决定了家政服务员不仅要忠于职守地工作，而且在许多场合家政服务员应丢掉“外来者”的心理负担，像在自己家里一样尊重、顺应雇主家庭的生活习惯，理解他们的脾气、爱好，关心他们的工作、生活、学习、利益、情感，以家政服务员的爱心、耐心、责任心、自信心和宽容心来感动雇主，赢得他们的信任和好感。这对家政服务员的身心健康、工作学习与未来发展均有积极的促进作用。

二、家政服务员与雇主家人相处的原则

1. 积极主动，讲究信用

家政服务员一旦参加工作，走进雇主家庭，就应积极地关心雇主家庭事务，维护雇主的家庭荣誉。雇主布置的工作任务，要积极主动地去完成，并尽自己最大的努力把它办好。对雇主家人的困难要多些关心，主动热情地给予帮助。凡是承诺别人的事一定要守时守信。守时守信是一种品质，具有这种品质的人，让人感觉靠得住、信得过，而取信于人又是建立良好人际关系的前提。

2. 一视同仁，坦诚相见

“一视同仁，坦诚相见”是与人交往时最重要的基本准则。家庭关系是一种特殊的社会关系，一些人口多的家庭，其家庭内部关系比较复杂。家政服务员进入家庭后，虽然在这个家庭里，但又不完全是这个家庭的成员。一方面自己要讲文明、讲礼貌，正确地对待所服务家庭中的每一个人，无论是小孩还是老人、家庭的朋友还是亲戚，在需要家政服务员为他们服务时，都要一视同仁、以诚相待。另一方面，遇到雇主家庭内部发生矛盾时，一般情况下，家政服务

员不要参与进去，更不能偏袒一方或说三道四，需要劝解时也只能点到为止。

3. 尊重他人，礼貌待人

家政服务员与家庭的关系是“你有所需，我有所助”的工作关系，是平等互助关系。所以，家政服务员在为家庭生活服务时并不需要低声下气、唯命是从。但是，家政服务员必须尊重雇主，热情和蔼，忠诚本分。家庭是千姿百态的，每个家庭都是个性化很强的，对家政服务的需求也是各种各样的。家政服务是为满足家庭生活的需求进入家庭的，因而必须尊重家庭成员的各种习惯和需求，并尽力满足各种需求。

要虚心倾听别人的意见，尤其是对长辈的意见要特别尊重，不要自以为是。在社交场合，要多使用亲切和富有人情味的礼貌语言，如“请”“您好”“谢谢”“对不起”“劳驾”等。说话时要面带微笑，语调要亲切友好。

4. 谦虚谨慎，勤学好问

俗话说：“家务活不用学，人家咋着咱咋着”，但实际绝非如此。在家政服务工作中，无论是对家事管理，还是洗衣做饭、照顾病人，都涉及大量的知识技能。雇主聘请家政服务员的目的是希望不断提高家庭的生活质量，家政服务员只有谦虚谨慎、勤学好问才能学到管理家庭事务的知识，掌握家政服务的技能，为雇主家庭提供优质高效的家政服务。

家政服务员不能不懂装懂，一个妄自尊大、傲慢十足的人是不可能获得别人好感的。要虚心学习他人的长处，努力学习文化知识，不断提高自身修养。这样当与别人交往时，就会获得更多的自信，结识更多的朋友。在与人交往过程中对自己不懂的问题或不会做的事，应做到不懂多问，不会就学，掌握后再做。

5. 严于律己，宽以待人

家政服务员要具有良好的道德品质、强烈的服务意识、高度的责任感、熟练的服务技能、良好的生活习惯、较灵活的处世方法、较强的适应性和忍耐性。为人要热情、真诚、开朗、自信，切忌冷淡、孤僻、虚伪、自傲、自卑。不要因为区区小事彼此非要比个高低、争个输赢。对别人的缺点应拥有宽容之心，不要背后议论他人。要严格要求自己，努力提高服务技能。

6. 加强沟通，密切关系

人与人之间要加强沟通，才能密切关系，增进友谊。家政服务员应经常主动与雇主的家庭成员聊聊自己家乡的事，如风俗人情、生产生活、奇闻趣事、礼仪习俗等，这样可以加强相互了解，展示自身价值，消除偏见，融洽彼此之间的关系。当雇主家人生病了，应主动去看望，平时碰到什么问题，互相多谈谈心，遇到共同感兴趣的问题，大家一起讨论。

三、家庭人际关系处理技巧

1. 知彼知己，百战不殆

（1）了解雇主家人的具体情况

家政服务员要想出色地完成各项工作，既要了解自己，更要了解对方，包括雇主的基本情况，家庭成员的关系，每个人的脾气、爱好以及生活习俗。

家政服务员首先要弄清楚雇主及其家人的职业性质、工作特点和作息规律。是教师、公务员，还是商人；是定时上班，还是在家办公；是早睡早起，还是熬夜晚起。

其次要清楚雇主家庭的饮食习惯与爱好。咸、淡、酸、辣、甜口味中偏重哪种，特别喜爱哪些菜肴。

再次要清楚雇主家人的业余爱好。家庭成员有什么爱好，常参加哪类活动，是晨练散步、唱歌跳舞、弹奏乐器、绘画写字、看书读报，还是游泳打球。

最后要清楚雇主家有无特殊情况、特殊需求。如雇主对家庭卫生、家居物品整洁方面有什么具体要求，对哪些物品器件清洁要求最严格，又有哪些物品不允许动，病人在饮食上有无特别限制，家里有没有准备参加中考或高考的学生，等等。

家政服务员在日常工作中如果能够很好地掌握雇主的上述情况，也就取得了工作上的主动权。

（2）了解城镇居民的生活特点

大多城镇居民具有以下生活习惯。

1）讲卫生、爱整洁。家政服务员在工作中应充分掌握雇主的卫生标准和卫生习惯。工作要细致、耐心，不能马虎从事，尤其在日常购物、烹调、清扫、洗衣、个人卫生等方面。

2）饮食少而精，注重营养的合理搭配。饮食少而精且注重营养的合理搭配是比较科学的饮食方式。但是，在实际生活中，这些科学的饮食方式对于大多数上班族来说很难实现。

一般上班族家庭早餐少而精、中餐饱即宜、晚餐正而丰（正式而丰富，但每样食物的量都不大）；此种饮食方法虽有违饮食科学原则，但是，对于上班族尤其是年轻一族已形成规律；受时间等实际因素干扰，要想让他们恢复科学、合理的饮食方式是比较困难的，作为家政服务员应顺应雇主业已形成的生活习惯。

3）起居作息时间严格。除节假日外，城里人的工作、生活、学习、饮食、起居的时间都较严格且固定。所以家政服务员在做家务工作以及个人时间安排上，都应该与雇主的作息时间表相吻合。

4）勤俭节约，计划性较强。家庭开支计划性较强，所以家政服务员应注意节约，家政服务员尤其要注意节约用水、电和燃气，避免雇主对家政服务员产生爱浪费、不勤俭的不良印象。

5）情感生活细腻、丰富，言谈举止较稳重、含蓄。社会活动、应酬较多，注重社交礼仪和别人的评价。家庭成员中女性地位高、独生子女受宠；长幼之间重礼节；一般不轻易向他人暴露深层的感情世界；言谈举止较稳重、委婉而含蓄，言语表达暗示性较强；亲朋之间经济来往较少，住楼房的雇主邻里之间封闭性强，思想警惕性高。

（3）顺应雇主的生活习俗

由于我国地域辽阔，虽然都是生活在中国的疆土上，但是不同地区的人有不同的方言，爱好不同的食物，有不同的生活习惯和习俗。这说明生活习惯是受环境的影响自然养成的，也可以根据环境的改变而变化。尊重、顺应雇主的家庭生活习惯和生活习俗，努力缩小与雇主之间的差距，新的生活方式就会自然建立起来。刚到雇主家中，如自己的生活习惯和习俗与雇主有不一致的地方，家政服务员应主动与雇主沟通，说明情况，并逐步克服个人习惯，努力顺应雇主的良好习惯，使自己的生活与雇主的生活协调起来，这也是尊重雇主的具体表现。

2. 对象不同，策略各异

（1）与异性成年人相处

1）言行要落落大方，应保持一定距离。即使很熟悉，也不要调笑打闹，更不要改变对他或她的称呼。

2）不要越出常情去回报他或她的关心照顾。家政服务员可以把这一回报转至家庭其他成员，如关心、爱护其孩子、配偶或其年迈的父母。

3）尽量避免与他或她单独相处在一室。如必须这样，则不要插门关窗。

4）不要在他或她的面前衣着过于暴露，更不能身着内衣在雇主家招摇过市。

5）不要与其议论其配偶、恋人等。

6）若对方表现出亲热举动，应明确拒绝。

7）若对方赠送贵重礼物，必须予以拒绝。

8）如非必须，不要与其单独外出，更不要与其一起去影剧院等娱乐场所。

（2）与同性成年人相处

1）不要在生活上过多地照顾其配偶或恋人。

2）雇主夫妻吵架时，即使异性一方有理，也不能流露出支持他或她的倾向。

3）工作中要多遵从同性雇主的意见。在雇主分配工作时，若遇其与配偶有矛盾，家政服务员应按同性雇主的要求和标准去做。

4）日常饭菜的准备应充分考虑迎合其口味。

5）洗涤保管其衣物用品要特别小心，应尽力将其洗涤、熨烫、保管好。

6）对其着装、化妆美容、发型设计、容貌、持家技能等，不要轻易说不好。

7）对其兴趣、爱好，应多表示支持和欣赏。

8）在任何方面均不要说其配偶或恋人比其好，即使是事实。

（3）与孩子相处

1）必须要拥有爱心、细心、耐心和责任心，充分善待、保护好孩子。

2）多鼓励、表扬孩子，哪怕孩子只是一点点进步。

3）对他们的过分言行，要善于说“不”，必要时要表情严肃，婉言予以说服。

4）可以仿照其父母态度对他们批评、教育、夸奖，但态度要和缓些。

5）忌吓唬、打骂、训斥孩子。

6）对他们的错误行为，不要替他们保密，但也不要不教育就先告诉家长，更不能采用打骂手段，而应教育鼓励他们勇敢地向父母反映、承认。

7）当他们过生日时家政服务员可送件小礼物以示祝贺。

8）谦虚地向其父母请教与其友好相处的办法。

（4）与老年人相处

1）尊重他们多年养成的生活规律和习惯，不要试图改变他们的生活癖好与性格。

2）饭菜风味要尽可能地迎合他们的口味。

3）应经常对他们问寒问暖，关心他们的健康状况。

4）老年人往往过多地关心生活琐事，家政服务员必须习惯，无论如何也不能当场顶撞。

5）与老年人发生矛盾、误会时可通过老年人子女、亲友来协助解决。

6）为老年人创造良好的生活环境，使老年人能够经常笑口常开，心情愉快。

（5）与雇主的亲友相处

1）要视雇主的态度，适度对待其亲友，但不能过之于雇主。

2）当其需要帮助或服务时，在获得雇主同意的情况下，家政服务员应认真对待。

3）不能向其谈及雇主的工作、生活、交往和私事。

4）未经雇主同意不能私自接待其亲友，尤其当雇主不在家时。

5）未经雇主同意不能将雇主的财物外借给其亲友。

（6）与雇主的邻居相处

1）要彬彬有礼。

2）不要卷入雇主与邻居的矛盾。

3）因私事要找邻居，应先告知雇主。

4）不要擅自将雇主的物品借给邻居。

5）邻居对雇主说三道四时，千万不可介入议论。

6）不要向邻居论及雇主的家事，也不要向其谈及自己在雇主家的情况。

（7）与爱唠叨、较挑剔的人相处

1）具有高度的忍耐力。

2）当对方唠叨时，不要生硬打断，也不要露出不耐烦的表情，更不能转身就走，可以巧妙地把话题转移，或借口购物、去卫生间等以中断谈话内容。

3）对于爱挑剔的雇主，要尽量把事情做到无可挑剔的程度。

4）对方爱挑剔的事，可以在做之前耐心地向其请求指导，做完后向其汇报。

5）即使对方唠叨、挑剔过分时，也不要急于发作，可以说些“很抱歉，对不起”的客气话，待其心情平静后，再给予必要的解释。

（8）与脾气暴躁的人相处

1）应具有较高的耐心、宽容心。

2）若是因为自己有错误而引起对方发脾气，应该迅速承认错误，表示改正，不要计较对方的态度。

3）对方发脾气没道理时，不妨采取“惹不起躲得起”的办法予以解决。

4）当对方意识到自己态度过火了，应及时表示理解。

（9）与爱猜疑人相处

1）应首先做到光明磊落，让对方清楚了解自己的所作所为。

2）要一丝不苟地完成对方指派的工作。

3）对方容易疑心的事，自己更要做得周到。

4）有些不易说明白的事在做的时候最好有其本人或第三人在场。

5）你所经手的经济收支要清楚无误，每笔经济收支均记账。

6）若条件允许，一些易遭猜疑的事可回避做。

3. 灵活应对，切忌介入

（1）保持清醒的头脑。一定不能出现因家政服务员的言行引发、扩大、激化原有矛盾的情况。

（2）雇主家庭内部发生争吵时，上前劝解是必要的，这一努力若不奏效，也不要勉强为之。

（3）不论矛盾双方在家中是何种地位，矛盾是何种性质，家政服务员都应一视同仁，不要厚此薄彼。

（4）不为双方的过激言行作旁证。

（5）雇主夫妻吵架时不要发表意见或观点，尤其不要流露出偏袒异性一方的倾向。

（6）当男方要使用暴力时，家政服务员一定要坚决劝阻；否则，矛盾双方事后都会否定家政服务员的能力和素养。

（7）家政服务员可动员其他家庭成员去劝解，同时要更好地照顾好家中的儿童、老人或病人。

（8）如果雇主家里发生了不幸，家政服务员应对不幸事件表示同情，力所能及地为之分忧，认真地做好家务工作，言行要与当时的环境气氛协调，可主动为雇主做些清淡可口的饭菜。

（9）雇主的家庭隐私，如家庭经济、商业往来、精神生活等均不宜外扬。但雇主家庭成员有违法行为时，无论对方如何向家政服务员请求甚至威胁，家政服务员都不应包庇，要遵纪守法。

4. 坦诚相待，加强沟通

（1）不能对雇主隐瞒个人身份，如住址、婚姻、健康等情况。

（2）工作中出现的差错、事故，如损坏了雇主家的物品、给小孩服错了药物、婴幼儿吞咽了异物等，都应及时汇报，共商解决办法。

（3）若遇有异性追求、陌生人纠缠及相关的外界纠纷，都应及时如实地向雇主或向家政公司反映，以求得及时的帮助。

（4）若遇家中有事或其他原因要求辞工，切忌搞突然袭击，一定要提前一周通知雇主和家政公司，便于雇主和家政公司有时间安排后续问题。

（5）对于雇主交代要做的事情，一定要在雇主交代完毕后进行复述，以确认听到的或理解的是否正确，避免很多不必要的麻烦或误会。

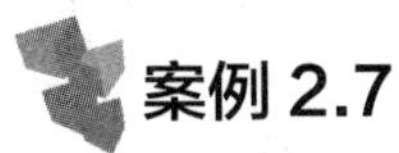

案例 2.7

雇主隐私要尊重

2014 年 9 月 1 日，王某到家政服务公司聘用了李某做家政服务员，其主要工作是照顾 15 岁儿子的生活。李某和王某的儿子相处得很好，王某的儿子经常和李某讲讲自己的心里话。

10 月 9 日，星期六上午，王某夫妇还在上班，李某看到王某的儿子慌慌张张地出门了。李某问他去哪里，他说出去院子玩一下，马上回来。李某不放心，透过窗户看到王某的儿子与一个和他年龄相仿的女孩手牵着手。

大约半小时后，王某的儿子回来了，背后似乎藏着东西。在他上卫生间时，李某好奇地跑到其房间，看到一封信放在桌子上。正当李某打开信阅读时，王某的儿子进来看到了，他立即冲李某发了一顿火，说她侵犯了他的隐私权，让爸爸妈妈回来解雇她。

晚上，王某夫妇回来了，其儿子立即让父母解雇李某。王某夫妇问李某具体情况，李某说了自己看到李某的儿子和女孩牵手的事情，出于关心而看了王某儿子的信。王某夫妇知道情况后，先表扬李某关心儿子的心情，接着严厉地批评了李某，因为她的确侵犯了儿子的个人隐私权。在李某表示以后不再犯此类错误后，这场“风波”平息了。

案例点评：

家政服务员李某可以说是一个责任心很强的人，出于对雇主儿子的关心、爱护而偷看他的信件，但其方式方法是不妥的，正如雇主儿子所言，李某的确侵犯了他的隐私权。尽管雇主念及李某关心儿子的出发点是好的而没有解雇她，但却遭到了雇主严厉的批评。这也给所有的家政服务员敲响了警钟：“一定要尊重雇主的隐私。”

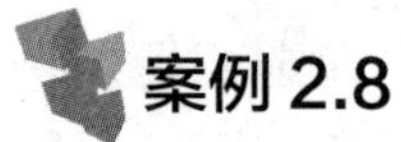

案例 2.8

生活矛盾须化解

某地发生一宗离奇的绑架案，案件主谋竟是雇主曹女士的家政服务员韩某。民警立即将韩某控制起来，并对她进行突击审讯，随后韩某承认了筹划绑架的事实。

曹女士表示，18 岁的韩某与其是远亲，是她委托自家姑爷从老家介绍来的。刚来时，韩某干活做事确实挺勤快，但时不时曹女士也会因为一点小事指责她，两人因此产生了矛盾。

“我和她之间好多矛盾，本来我可以忍过去，她一见我就给我脸色看，我又没得罪她，明明我做对了也要说我错。她打电话给我父母说我在外面怎么跟男人鬼混，现在老家人都知道了，说我不要脸。”18 岁的韩某如此表示。

对于韩某的说法，曹女士表示：“我们从来没打过她，可能平时做错事会说她几句，语气重了点。”

案例点评：

韩某的雇主曹女士应该是一个爱唠叨、好挑剔的人。家政服务员韩某又缺乏与雇主和谐相处的能力，最终演变成一桩绑架案。那么，家政服务员该如何与这类人相处呢?

当对方唠叨时，家政服务员不要生硬打断，也不要露出不耐烦的表情，更不能转身就走，可以巧妙地把话题转移，或借口购物、去卫生间等以中断谈话内容；家政服务员要尽量把事情做到无可挑剔的程度；对方爱挑剔的事，家政服务员可以在做之前耐心地向其请求指导，做完后向其汇报；即使对方唠叨、挑剔过分时，家政服务员也不要急于发作，可以说些“很抱歉，对不起”的客气话，待其心情平静了，再给予必要的解释；与雇主要坦诚相待，加强沟通，尽可能融入家庭。

职业模块 3
择业与就业

内容结构图

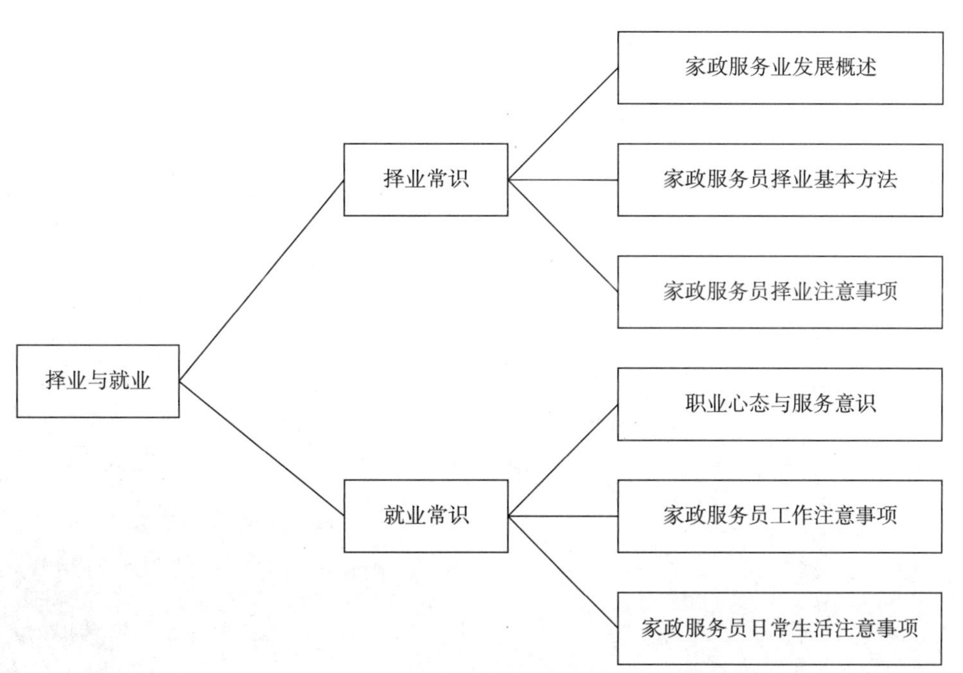

培训课程 1 择业常识

择业是就业的前提，就业是发展的基础。择业成功与否直接关系到就业的最终状态，因此，每个人均应重视择业过程。

一、家政服务业发展概述

随着国民经济的快速发展，近年来家政服务的内涵不断衍生，服务内容延伸到民众日常生活的方方面面。家政服务企业呈现品牌化、多业态、规模化发展态势。家政服务业在为家庭提供多方位服务，满足民众快节奏生活、高品质需求和广泛就业的同时，实现了行业自身的快速发展。

1. 服务内容日趋多样

家政服务涉及 20 多个门类，200 多个服务项目。家政服务为适应市场需求的多样性特点，也呈现出多样化发展态势。传统的保洁、搬家、保姆等项目不断细分，月嫂、陪护、聊天、理财、保健等服务不断成为家政服务的主要内容。

2. 连锁经营步伐加快

现代流通方式在家政服务企业中得到快速推广。多数企业已改变原来的单店经营模式，积极采用连锁经营等现代流通方式，服务网络逐步向全国甚至国外延伸，实现了跨区域连锁化发展，经营理念和服务方式在一定程度上得到了统一。

3. 家庭服务规范化、职业化发展趋势明显

近年来，专业化程度高的家教、理财、保健等新兴服务进入家政服务范畴，母婴护理、搬家、保洁、婚介等传统服务的专业性越来越强，对从业人员的专业水平要求不断提高，越来越多的家庭开始重视家政服务员的学历和专业培训

水平。母婴护理、育婴早教、养老陪护、营养配餐、家政经纪、家庭保健、心理咨询、高级管家等专业化服务需求明显增强；从业人员已具有一定规模，且具有相对独立、成熟的岗位技能与岗位素质；部分岗位，如母婴护理、育婴早教等已建立专业的培训、上岗、考核、晋级机制，该类岗位正在走向专业化、规范化、职业化。

4. 服务质量全面提升

家政服务业的多样化快速发展，为人民群众提供了高质量、个性化和安全便捷的服务享受。年迈双亲可以得到温馨照料和陪护，家庭中的病患可以得到专业的照护，婴幼儿可以得到细心看护和教育，繁杂的家务可以得到专业料理和服务。部分家政服务员已形成了有耐心、有爱心、有责任心的三有执业理念，为雇主提供了较为满意的服务。家政服务已成为服务百姓日常生活不可或缺的重要行业。

5. 企业初具规模，服务体系逐渐形成

由于经济社会发展和人们更高生活质量的要求，近几年来，我国部分城市家政行业蓬勃发展，家政企业数量逐年增多，发展速度不断加快。具体在业态上表现为家政公司、搬家公司、养老公寓、婴幼儿早教中心、儿童托管中心、产后恢复会所、养生保健公司等。调研发现，目前我国家庭服务业正逐渐被市民接受，客户群逐渐扩大，行业初具规模，服务机制日趋完善。家政服务企业在服务体系上形成了身份审核、健康体检、岗前培训、跟踪管理的工作流程；在管理上逐渐走向制度化、规范化，形成了“招工—培训—考核—鉴定—就业安置—售后服务—业务考核”的完整服务流程。为满足客户的不同消费需求，服务形式逐渐多样化，有全日制服务、非全日制服务、计时服务、计件服务等。

6. 高技能人才缺乏，职业能力需要加强

家政服务企业之间的竞争在于人才的竞争。当前家政服务人才稀缺、留不住高层次人才成为制约家政服务业发展的瓶颈。大部分家政公司为中介制管理，有的服务员同时在若干个家政公司报名、注册，整个行业供应链不规范、劳动力不稳定。家政服务企业目前仍比较零散，家政服务消费需求满意率较低，不少居民只是“潜在的客户”。

在雇请家政服务员时，“服务人员素质与技能差，不能满足家庭需要”和“雇请关系不好处，很麻烦”是人们最担心的问题。当前阶段，居民普遍反映找家政服务员难，找到合格的家政服务员更是难上加难！由于家政服务员大都来自农村或属于下岗、失业人员，文化水平相对较低，个人素质和职业能力需进一步加强。

7. 家政服务企业品牌建立及内部管理需进一步加强

我国家政企业创立时间比较短，整个家政行业仍然面临小、散、弱的局面，规模化、产业化、品牌化发展有待进一步加快。当前家政企业多为中介制管理，受管理体制影响，存在客户资源易流失、员工队伍不稳定的问题，行业信誉需进一步加强。目前，家政服务员基本上是各公司鉴定自己员工的级别，没有统一的服务和收费标准，这成为雇请纠纷频发和行业恶性竞争的原因之一。

调研得知，大部分家政职业经理没有受过专门培训，品牌意识差，有小富即安的心理。这些小企业在管理上属于经验管理，缺乏绩效管理、目标管理、薪酬管理、股份管理及激励机制等现代管理模式与方法。

8. 市场监管力度不够，需进一步营造行业环境

家政服务业市场缺口大，企业门槛低，难免会产生一些未注册、不规范、不诚信的企业。当前家政服务业总体处于起步阶段，缺乏有效规范，常有“一个人、一张桌子、一条凳子、一部电话、一块牌子”就能开张的现象。这些企业存在合同不规范、乱收费、缺乏员工培训与鉴定等不良行为，违规操作和短期行为严重，极大地扰乱了家政市场秩序。

二、家政服务员择业基本方法

1. 家政服务员择业途径

（1）通过劳动力市场择业

城镇失业人员、农村进城务工人员可以直接到劳动力市场、职业介绍所求职。这种择业方法比较适合城市失业人员和已经具备一定城市生活经验的农村务工人员采用。采取此种择业方法，择业者事先应对中介机构的资质进行了解，看该机构有无社会保障部门颁发的“人力资源服务许可证”“劳务市场许可证”等职业介绍资格证书。

（2）通过家政服务公司择业

通过家政服务机构谋求家政服务工作是最直接、有效的择业方法。这种择业方法对广大求职者普遍适用，但其对求职者的身份审查较为严格，证件不全者一般很难被接纳。家政服务机构是家政服务员和雇主之间的桥梁和纽带，它为雇请双方提供洽谈的场所，提供服务依据和服务标准；为双方签订劳动合同或家政服务合同，能起监督协调作用，并能维护双方的合法权益。因此，做好前期各项准备工作和调查工作是必不可少的。

（3）通过亲朋同乡择业

利用亲朋同乡的关系，相互介绍进入城市从事家政服务工作，是目前农村劳动力进城务工人员普遍采取的择业方法之一。利用亲朋同乡的私人关系介绍工作，由于纯属个人行为，因此存在一些弊端。一是就业面较窄存在局限性，投奔同乡进城后一旦事先约定的雇主没有相中，择业者往往是进退两难，容易造成长期滞留；二是由于私人之间的相互介绍，双方没有签订服务合同，一旦发生服务纠纷，家政服务员的合法权益难以得到保障。

（4）通过劳务信息择业

目前，在城市中信息服务非常发达，在报纸、杂志、网络上都可以获得大量有关家政服务员的招聘信息。通过信息服务谋求职业也是城市失业人员和具有一定经验的进城务工人员可以采用的择业方法之一。除了可以通过媒体获得家政服务的需求信息，还可以通过媒体发布自己的求职广告。通过这种方法择业的人在选择雇主时要特别慎重，要先对信息的真实性进行确定，然后通过电话进行必要咨询，如果安全性得到确认，可再选择面谈。第一次见面最好选择在公共场合，如果对方要求到居住地会面，最好约上一个伙伴同行。这种择业方法比较灵活随意，仅适合城市失业人员和少数具有丰富城市生活经验的务工人员采用。

（5）通过劳务输出择业

有组织的劳动力输出，是当前农村剩余劳动力进入城市择业的主要方法之一。党和政府越来越关注农村富裕劳动力的转移工作，为了做好农村剩余劳动力的安置工作，政府投入了大量的人力、物力和财力。阳光工程就是政府为做好劳务输出工作开展的职业技能培训示范项目。由政府出资对外出的农民工进行岗前培训，然后再由相关部门实行定点输出。有组织有计划地劳务输出，减少了农村劳动力外出务工的盲目性，前期的职业培训有效地提升了农民工的服务技能，统一组织外出保障了路途上的安全，定点输入保证了农民工在输入地得到快速妥善的安置。这种择业方法最大的特点就是安全可靠，能够较好地起到保护外来务工人员合法权益的作用。从业人员可以到当地的社会保障部门、妇联组织或从事劳务输送工作的中介机构报名，通过这些组织机构来实现择业的目的。

以上介绍了 5 种常见的择业途径，鉴于目前我国的劳动力市场发育尚不成熟，各省市、地区劳务输出工作的情况不同，且我国的家政服务行业也正处在发展阶段，行业还没有形成一系列完整的政策法规和管理细则。因此，从事家政服务的城市失业人员或农村务工人员无论选择何种择业方法，都应依据各地的实际情况，结合自身特点，选择适合自己的择业方法。总而言之，通过正规的劳务输出渠道，选择正规的家政服务机构是择业的最好方法。

2. 家政服务员择业准备

准备从事家政服务工作的人员，在参加工作之前，都要做好择业前的准备，准备工作包括个人健康、证件、物品、心理素质、个人形象等多方面。

（1）资料准备

1）身体健康检查合格证明。检查的项目包括乙肝五项、胸透、皮肤、妇科等，从而排除传染性疾病。

2）身份证、学历证书、培训证书、职业等级证书等都是家政服务员择业时的必备资料。

3）个人简历。一般家政机构都会要求家政服务员填写简历，简历主要涉及个人和家庭的基本情况，填写时要真实可靠，要突出自己的职业特点。

4）必要的个人生活物品。洗漱用具、换洗衣物、少量的现金是必须准备的。

（2）形象准备

1）仪容仪表。由于面试是择业人员重要的、必经的途径，因此，家政服务员应随时随地注意自己的形象，争取在面试时给雇主留下良好的第一印象。家政服务员要保持面部清洁，可适当化淡妆，避免浓妆艳抹，不要使用气味浓烈的化妆品；头发要保持清洁、整齐、无异味，发型朴素大方、不怪异，不留长指甲，不涂有色的指甲油；仪容仪表应端庄大方，朴实无华，尽量不佩戴饰物。面试前不要饮酒，忌吃大蒜、韭菜等有刺激性气味的食物。

2）服装服饰。一般正规的家政公司会要求家政服务员统一着装，此时，家政服务员按照家政公司的要求着装即可。如果家政服务员没有统一着装要求，一般可依据自己的年龄和职业特点选择比较适合自己的服装服饰。家政服务员的着装应以朴素大方、整洁合体、方便工作为准则；颜色不宜过分艳丽，款式不宜太短、太露、太低、太紧，且一定要整洁；质地不宜太薄、太透。穿布鞋要穿袜子，穿皮鞋应擦干净。雇主不希望家政服务员打扮得过分艳丽，但也不喜欢她们蓬头垢面、衣衫不整。

（3）心理准备

1）受到传统观念、旧思想、旧意识的影响，家政行业还未得到社会应有的重视，家政服务员的劳动价值还未得到充分肯定，社会地位还不高，某些雇主对家政服务员存有偏见，存在歧视家政服务员的现象；这是不可回避的客观事实。对此，择业者必须做好充分的思想准备，要有足够的心理承受能力。只有做好充分准备的家政服务员，才能够做到在择业时坦然面对雇主，并能够通过自己的言谈举止展示自己的精神风貌和服务实力，为雇主留下良好印象，向就业迈出第一步。

2）家政服务员必须正确认识自己，做好自我推荐的心理准备。要深刻理解家政服务的性质和职业特点。例如，一名失业女工，当从事家政服务工作时，她的身份、地位都发生了巨大的变化。她从一名产业工人，变成家庭服务员；从一家之主，变成伺候他人的家政服务员，这是一个巨大的变化。择业人员必须要在思想上适应这种变化，必须重新认识自己，认识这份新的工作。要充分认识重新就业能够解决家庭的经济问题，通过劳动增加收入可以提高家庭生活质量。同时将从事家政服务工作作为人生新起点，只有在思想上有了这样的认识，才可能承受来自社会方方面面的压力。

3）家政服务员必须做好对预期工资值的心理定位。目前，随着我国经济的飞速发展，人民群众的生活水平空前提高。但是，我们也应当客观地认识到，我国大多数国民的经济收入尚未达到国外发达国家的水平，大多数雇主还属于工薪阶层，他们雇请家政服务员的主要目的还是解决生活中的难点。当然，现阶段也出现许多以提高生活质量为目的的雇主。但是，雇主对家政服务员工资的支付能力普遍不强，能够支付高额工资的雇主所占比例不高。所以，目前我国家政服务员整体工资水平偏低。对此，家政服务员应该有清醒的认识，不要对工资收入抱有不切合实际的过高希望。

由于雇主家庭情况各有不同，经济收入上存在差异，家政服务员虽然都是凭自己的劳动换得报酬，但是在实际生活中，劳动报酬存在一定的差异。因此，家政服务员在择业前要对自己有一个全面分析和评价，了解自己在从事家政服务方面具有哪些优势与特长，了解自己有哪些不足，根据就业所在地实际情况，结合自己的实际情况，作出适当的工资心理价位准备。只有在工资价格上作出切合实际的定位，才最有利于家政服务员在选择工作时作出最佳抉择。

（4）素质要求

1）基本要求。家政服务员应具备合法身份，年满 16 周岁，55 周岁以下，证件齐全。

2）文化要求。家政服务员应有初中以上的文化水平，能够讲普通话，具有一定学习能力和语言表述能力。

3）健康要求。家政服务员应身体健康，五官端正，有良好的卫生习惯，具有一定体力和耐力，身体动作要协调，能够承受烦琐的家务劳动。身体健康是家政服务员的必备条件。

4）技能要求。家政服务员应具有一定的动手能力，具备从事家政服务工作的基本知识和技能，有与人沟通的能力，能够达到雇主的基本服务要求。

5）心理要求。家政服务员应具备良好的心理素质和较强的心理承受能力，为人处世要宽容大度；要拥有适应家政服务环境和氛围的心理承受能力。

6）职业道德要求。家政服务员应具备良好的职业道德和社会公德，具有良好的服务意识。讲文明、讲礼貌、诚实守信、尊老爱幼、自尊自爱、遵纪守法。

3. 家政服务员面试技巧

面试是家政服务员就业前必须经历的必然过程，家政服务员在面试时必须面对雇主审视与挑剔的目光，接受雇主的各种提问，个别人的提问有时还会涉及某些个人隐私，有时甚至会遭遇尴尬的场面。因此，家政服务员在接受面试时要做好充分的心理准备，并要充分重视面试的过程，因为面试是择业能否成功的重要步骤。

家政服务员面试的基本方式一般有两种：一是由中介机构向雇主推荐，一般由家政公司 / 中介机构根据雇主的服务需求向雇主介绍适合的家政服务员的基本情况，如雇主相对满意则由家政公司 / 中介机构负责安排面谈，从而有效保障了面试的成功率。二是在劳动力市场 / 中介机构提供的场地内，雇主和家政服务员双方在没有中介机构牵线的情况下直接面谈，此方式虽然比较直接但成功率往往不是很高。

家政服务员在接受面试时要注意以下几方面问题。

（1）要力求给雇主留下良好印象

面试时是否能够给雇主留下良好的印象直接关系到能否就业的问题。因此，在面试过程中给雇主留下良好的第一印象是非常重要的。第一印象包括精神状态、外观形象等。家政服务员在择业时应精神饱满、干净利落、服装服饰美观大方，从而给人留下自信、整洁、朴实大方的好印象。

（2）面试要讲礼貌

当雇主到来时，家政服务员必须主动站立以示迎接，要主动问候，如有座位可以请雇主坐下交谈；家政服务员绝不能自己坐在椅子上，而让雇主站着与你交谈。面试时，家政服务员应当面对雇主端正坐立或站立，目光平视对方，不要死死盯住对方，也不要眼光游离不定，四处环顾。见面相互问候之后，可以等待雇主询问，也可主动作自我介绍，自我介绍要简单清晰，重点说清年龄、文化程度、籍贯、从事家政服务的工作经历、家庭情况、工作意向和工资要求，要在 3 ~ 5 分钟内介绍完毕。交谈过程中要多使用文明、礼貌用语。

（3）倾听雇主询问

面试是互相了解的过程，家政服务员要认真倾听雇主的询问并及时、正面回答雇主的问题。洽谈时要善于捕捉信息，要从雇主的问话中了解雇主的服务要求、服务难易程度，了解雇主的支付能力，判断雇主的真实意图。

（4）询问要抓关键

关键是家庭人口、居住面积、服务内容、服务标准、工作环境、居住条件、工资待遇等。例如，照顾患病老年人，要问明年龄、性别、什么病，半自理还是卧床不起等。尽量做到少说多听，并要注意语调、语气，要有亲和力，声音不宜太高，以听清为宜。说话不要手舞足蹈，要给人以稳重的感觉。目光要始终平视谈话对象，不要四处游移不定。

（5）果断决策、积极试工

当与雇主洽谈完毕，如果雇主各方面情况与自己的预想情况比较吻合时，就不要过多地犹豫，可以考虑先行试工，抓住每一次可以就业的机会，不要期盼下一位雇主能够给你带来更好的就业条件。不切实际的过高追求往往会错失工作良机。

4. 甄选雇主的基本方法

雇主与家政服务员是一种极为特殊的合作方式，雇主与家政服务员之间有着身份、家庭、文化背景、受教育程度的不同，在脾气、秉性上都存在巨大差异。因此，在选择雇主时要特别注意这些细节。家政服务机构在对从业人员培训时，要告诫家政服务员在择业时应注意对雇主的选择。

（1）优秀雇主的基本要素

1）在思想上能够做到平等待人，尊重家政服务员的人格与劳动，不歧视、不虐待家政服务员。

2）在工作上能够按照家政服务合同约定的内容要求家政服务员，不会过分挑剔、苛求，不会随意增加家政服务员的工作量，并能够对家政服务员的工作进行正确指导。

3）在生活上能够提供与家人基本相同的生活和安全的居住条件。关心爱护家政服务员，不干涉限制她们的私生活。

4）在待遇上能够做到按劳取酬，不无故拖欠、克扣家政服务员的工资。

（2）选择雇主的基本原则

1）依据服务项目来选择雇主。要看雇主要求的服务内容是否能够承担、是否擅长、是否喜欢；选择雇主其实就是对服务内容的选择，选择工作一定要扬长避短。

2）依据工资待遇来选择雇主。要看雇主提出工资待遇与你的预期值是否相符合，家政服务员外出务工，非常注重工资报酬的多少，但是要为自己确定合理的工资定位。选择高工资本无可厚非，但是，要认真分析自身的能力与所期望的工资待遇在价值方面是否能够匹配。

3）依据服务条件选择雇主。要综合考虑雇主家庭人口数量、家庭成员的构成、家庭居住条件、居室面积、家庭生活要求等相关情况。判断将要承担的工作量、将要面对的服务对象及面临的人际关系。如果雇主是一个单身无配偶的异性，在选择时最好慎重考虑。

4）注重雇主的脾气禀性。洽谈时要注意观察雇主的言谈举止，留心每一个细节，在与雇主洽谈的过程中或多或少地可以看出雇主的一些脾气秉性。要选择比较适合与之相处的雇主。

（3）甄选雇主的注意事项

1）不能以雇主经济条件好坏为择业标准。对那些一味询问雇主家有没有车、彩电、电冰箱、洗衣机，住楼房还是平房的行为，雇主是非常反感的。

2）尽量不问雇主住在哪儿、离公司远不远。因为即使雇主告诉你住址，家政服务员也不一定知道位置，由于工作场所是在雇主家中，即使雇主居住地距离公司很远，也和家政服务员的工作内容没有直接的关系。同样，即使雇主居住地距离公司非常近，家政服务员也不可能经常回公司。

三、家政服务员择业注意事项

1. 要通过正规渠道择业

家政服务员要到合法的劳动中介机构和正规家政服务公司求职，要签订劳动合同或家政服务合同。完备的务工手续是对务工人员合法权益的保障。劳动合同或家政服务合同是家政服务员维护自身权益的保证。一旦在服务的过程中发生矛盾、纠纷，家政服务员可以依据合同来维护自身的合法权益。

2. 要认真填写登记表

在劳动中介机构和家政服务公司办理手续时，一般会要求求职者填写“求职登记表”，求职人员在填写登记表时，首先应如实填写并应注意文字整洁清晰，书写认真的表格会给职介机构和雇主留下较好的印象，从而增加被录用机会。“求职登记表”中的个人信息要准确无误，填写个人情况时既要突出自己的主要长处，也要避免夸大其词，文字要简洁通顺。

3. 要办理好合法手续

当家政服务员通过雇主的面试之后，就应该进入下一程序，与家政公司或与雇主签订劳务合同或家政服务合同。目前，我国的家政服务机构主要存在两种运作模式，一种是中介制模式，另一种是员工制管理模式。两种不同运作模式之间有着本质的不同。

（1）中介制管理模式

中介制管理模式是目前家政服务机构实行最多的模式。家政服务员与中介公司没有隶属关系，中介公司为家政服务员和雇主提供的是一种信息服务。中介公司负责为雇请双方办理家政服务合同的签订与解除手续，签订合同的主体是家政服务员与雇主。家政服务合同不是劳动合同，中介公司只收取中介费。

（2）员工制管理模式

目前，在我国家政企业中只有少量的企业实行员工制管理模式。家政服务员与家政公司签订劳务合同或劳动合同，家政服务员作为家政公司的员工，由家政公司派遣到雇主家庭去从事家政服务工作。雇主需要雇请家政服务员时，应与家政公司洽谈服务要求、服务报酬，并与家政公司签订用工合同；家政公司根据雇主的需求为其提供合适人选。雇主将服务费用交到家政公司，家政服务员由家政公司发放工资；家政服务员、雇主的安全和权益能够获得公司的有效保障和维护。家政公司一般要收取管理费。

4. 要依据个人能力择业

择业要实事求是。家政服务员在与雇主洽谈后，可依据自己的能力、特长及喜好来判断能否胜任此项工作。如果把握不准，可与家政服务机构的工作人员或同乡商量，但要注意不要相互攀比，不能这山望着那山高。因为，每个人自身的情况不同，而雇主的情况同样存在差异，相互之间没有可比性。

5. 要合理把握工资价位

择业时家政服务员比较注重工资价位，为了正确地把握工资价位，可事先进行市场调查，了解当地家政服务市场上一般工资价位情况，了解市场服务人员供需情况，然后依据自身情况和市场行情，来确定适当的工资价位。确定工资价位时通常要注意以下四方面。

（1）依据服务内容的轻重确定工资价位

服务内容多、难度大、责任大的，工资价位可高些，反之则低些。通常母婴护理、育婴早教、家庭厨师、病患护理工资较高，陪伴老年人、一般家务劳动的工资略低。

（2）依据劳动强度、工时长短来确定工资价位

劳动强度、工时长短也是衡量工资高低的依据。雇主家庭人数多，住房面积大，服务时间长，特别是陪护病人时间相对较长的，工资价位可高些，反之则低些。

（3）依据个人能力来确定工资价位

家政服务员学历高、能力强，经过专业培训，具有纯熟的家政服务技能、

丰富的家政服务经验、良好的服务心态、较强的沟通能力，工资价位可适当高些。

（4）依据需求与特长来确定工资价位

如果家政服务员曾经接受过专业职业培训，取得过国家人力资源和社会保障部门颁发的职业资格等级证书（如育婴员、家政服务员职业资格证书等），都可以获得较高的工资。

2 培训课程

就业常识

就业就是在法定年龄内，有劳动能力和劳动愿望的人，所从事的为获取劳动报酬或经营收入进行的活动。正常情况下，步入社会的成年人均要从事一定的社会劳动，并获取劳动报酬或经营收入。

一、职业心态与服务意识

1. 树立正确的服务观念

随着社会经济的发展，人民群众生活水平不断提高，居民对家政服务的需求日益增长，家政服务已经成为百姓生活中不可缺少的工种。2000 年家政服务员已被列为一个新的职业，并制定了国家职业标准。家政服务工作已经成为一种社会需求，它具有明确的工作内容、工作范围、工作要求，具有不同的服务级别。至此，家政服务员与其他职业一样，具有了明确的社会地位。

随着现代社会的迅速发展，社会分工必将进一步细化，家政服务业将会向着职业化、产业化、专业化的方向发展。目前，家政服务业越来越受到社会各界广泛的注意，家政服务员也将得到社会的尊重，家政服务员没有任何理由轻视自己的职业。

2. 克服世俗观念

由于中国经历了漫长的封建社会，多少年来，人们长期受腐朽的封建意识的影响，在许多人的潜意识里至今还残存着封建的等级观念。他们看不起家政服务工作，更看不起做家政服务的人。正是受到这种不良意识形态的影响，某些家政服务员觉得抬不起头来，不能正视自己的工作，形成了心理障碍。

当前，虽然许多人员敢于走出家门从事家政服务工作，但是她们从心理上还是十分抵触，往往不愿意向他人表述自己的真正职业。许多从业人员回到家乡后，都否认自己曾经做过家政服务员。她们之所以回避这段经历，完全是受世俗观念的影响。其实，在当今的社会里，职业只是用来区分工作的标志，各职业虽然有所不同，但都是在为社会服务，只是服务的对象有所不同。

3. 克服自卑心理

家政服务员的自卑心理和自信心的缺乏，依然源自旧的世俗观念和对家政服务工作的认识不足；许多从业人员没有树立正确的服务观念，心理素质不稳定，很容易产生自卑心理和缺乏自信心。家政服务员过于自卑，会直接影响到服务工作水平与质量。

家政服务员要充分认识自己工作的意义：家政服务工作满足了社会的需求，为雇主提供一系列服务，提高雇主的生活质量，同时也为失业人员、农村剩余劳动力提供就业的岗位。家政服务员通过自己的劳动脱贫致富改变家庭生活，在服务的过程中学习了许多知识，增长才干，为建设和谐社会贡献了应有的价值。

4. 正确认识自己

常言道，“人贵有自知之明”。择业者要充分认识自身优势，也要充分认识自身劣势，要在择业中做到实事求是。择业者要做到对自身优势不夸大也不缩小，充分发扬自身优势，积极为自己的择业创造条件；同时，要客观面对并承认自身劣势，主动反省自己，从中找出导致自身劣势的原因。

家政服务员要客观面对自身劣势，实事求是地看待自己的不足，使自己在择业过程中能够量力而行，不要好高骛远，使择业更符合自己的实际情况。其实，能够克服因劣势产生的自卑感或消极情绪，努力变劣势为优势，是一个人成熟、有内涵的充分表现。

5. 要有明确的职业定位

家政服务员从事的是一个较为特殊的职业，他们作为一名非家庭成员进入到一个家庭之中，不是这个家庭的成员却要承担这个家庭中的某一项职责（如操持家务、照料婴幼儿等），而在承担家庭职责的过程中又没有自主权。

在当前的家政服务环境下，家政服务员要想在这种特殊情况下做好服务工作，就要对自身的工作有正确的职业定位。受雇于某一个家庭，完成某种家务工作是雇请双方事先的约定，是家政服务人员的本职工作。作为一种职业行为，努力完成合同规定的服务内容，这是职责所在。家政服务员在服务中要有主人翁意识，要把雇主的家庭事务当作自己的事去做；在尽心尽职地去完成自己本职工作的同时，又要掌握服务分寸，做到服务有度；在服务过程中应主动征求雇主意见，接受他们的服务指导，千万不要反客为主。

二、家政服务员工作注意事项

1. 服从雇主和家政公司管理

家政服务员在为雇主提供服务时，最重要的是要依据雇主的意愿，遵守家政公司的管理规范；否则，即使工作得再辛苦，也可能无法获得雇主和家政公司的认同。家政服务员在服务合同规定的框架里，应服从雇主的管理，将满足雇主的服务需求作为自己的工作标准。

2. 尊重雇主的生活习俗

家政服务员来自不同的区域，原有的生活习俗可能与雇主的生活习俗有着根本的不同。但是当两种习俗发生冲突时，家政服务员应当努力调整自己，适应新的环境，尽力顺应雇主的生活习俗。家政服务员不能以自己原有的生活习俗不可改变而要求雇主改变。

3. 要有计划性，讲究工作效率

从事家政服务的关键是要做到心中有数，合理安排。这就要求家政服务员对所承担工作的内容十分熟悉与了解，能够依据雇主的服务需求，将日常工作与临时性工作加以区分，并制订工作计划，合理安排工作进程，劳逸结合，合理安排工作时间与休息时间。

4. 勤奋好学，努力提高服务技能

家政服务员要想做好服务工作，必须勇于开口说话，不懂就是不懂，不要装懂。在实际工作中家政服务员必然会遇到许多原来不会做的事情，需要及时

向雇主请教。特别是家用电器的正确使用，一定要在第一次操作前请雇主操作示范一次，并询问清楚使用和保养的注意事项。否则，轻则影响服务质量，重则会给雇主带来一定的损失。

5. 要信守合同，守时守信

目前，部分家政服务员对合同的严肃性缺乏足够认识，在服务的过程中稍不如意或家庭有事（如遇到年节时），说走就走，完全置雇主生活于不顾，常常是无端撕毁服务合同。这些情况严重损害了雇主的利益，严重影响了家政行业的声誉，同样也损害家政服务员自身形象。

新时期的家政服务员，从事的是一种职业，是职业就要讲究职业道德，信守服务合同是对家政服务员的基本要求，每一位服务人员都要自觉遵守行业有关规定，积极维护行业声誉，维护家政服务员自身形象，做一名合格的职业家政服务员。

6. 敢于维护自己的合法权益

在做好家政服务工作的同时，家政服务员要努力学习相关的法律知识，增强自觉维护自身合法权益的意识和能力。在现实生活中，当家政服务员遭受雇主的不公对待或欺负后，大多数人往往选择忍耐。其实这既是一种无知也是一种无奈的表现，由于她们中的大多数人不具备法律知识和维权意识，当她们的权益受到雇主侵害的时候，不知道用法律手段来维护自己的权益。

家政服务员的人格与劳动理应受到尊重；任何污蔑、侮辱、打骂、虐待家政服务员的行为既有悖情理，又违反法律。家政服务员无论来自哪里，在任何地方，其合法权益都应当受到保护。遇到这类情况，家政服务员可以与雇主据理力争；可以及时向家政服务机构反映情况，请求帮助解决问题；也可以向当地居委会、派出所反映问题，寻求帮助；还可以直接向人民法院提起诉讼。

三、家政服务员日常生活注意事项

1. 建立良好的人际关系

家政服务员服务的过程首先是与雇主相处的过程，因此家政服务员入户后，必须要和雇主建立起良好的人际关系，只有雇佣双方建立起和谐的人际关系，家政服务员在服务的过程中才能心情愉快，工作顺利。否则，双方的合作将无法继续，家政服务员就会失去这份工作。与雇主建立良好的人际关系应注意以下几点。

（1）做好本职工作

做好本职工作是建立良好人际关系的前提，“光说不练”的家政服务员不可能与雇主家庭建立起良好的、和谐的人际关系。家政服务员应掌握家政服务的基本技能，能够达到雇主的服务要求。

（2）尊重雇主

要尊重雇主家庭中的每一位成员。家政服务员对待雇主家庭的每一位家庭成员都应一视同仁，不要厚此薄彼。特别是在雇主家庭成员较多的服务环境中，家政服务员不要依据雇主家庭成员的尊卑提供差异性服务，即不做“看人下菜碟”的事情。

（3）不参与雇主家庭事务

雇主家庭成员之间如果产生一些矛盾，家政服务员要站在中间的立场上，不要介入雇主家庭成员的是非之中，不要充当调解人，应当置身事外，最好的办法是回避。事后，如果雇主家庭成员向家政服务员提及此事，家政服务员也不应当对任何一方表示同情和理解，可说一些有利于雇主双方、有利于雇主家庭和睦的话。

2. 勤俭节约，提供绿色环保家政服务

节约是一种美德，在城市生活中要特别注意对水、电的节约。国家正处在发展阶段，能源十分紧张，特别是水资源短缺情况，已经严重影响到人民群众的生活。许多家政服务员由于长期的生活习惯不太注意节约用水、用电，这类行为很难获得雇主和家政公司的认可。尤其老年雇主，他们特别节约，特别注重节约用水、用电，因此，家政服务员应做到随手关灯、节约用水，在保证卫生的情况下要做到一水多用。此外，家政服务员在制作家庭餐的时候也要把握家庭人口数量，以免产生浪费。

3. 有效控制自己的情绪

家政服务员在服务期间要学会控制自己的情绪变化，不要将自己的喜怒哀乐挂在脸上，这是家政服务员特殊的服务环境所要求的。家政服务员难免在工作和生活中遇到烦心事，如果对自己的情绪不能做到理智控制，势必会表现出来。不良情绪的流露不仅有可能造成雇主的误解，也可能会给服务工作带来不良后果。因此，家政服务员必须学会控制和调节自己的情绪。

家政服务员首先要心胸宽广、开朗大度，不要斤斤计较；其次，遇事尽量三思而后行，避免产生不良情绪；再次，当情绪受到强烈刺激时，要有意识地用理智加以自我调节，努力克制它；最后，家政服务员还必须努力学习文化知识，培养自己的道德修养，不断提高自身素质。

4. 认真对待工作中的挫折

家政服务员在现实生活中，面对挫折不能一味地自责，沉迷于痛苦之中，要多对家人和自己信赖的朋友倾诉，以得到他们的帮助。同时，多参加自己喜欢的活动，也可以松弛绷紧的神经，分散注意力。此外，还要以积极主动的心理去承认和面对挫折，并在朋友和家人帮助下分析挫折，找出导致挫折的关键所在，让自己始终处于理智、冷静的状态之中。这样不仅能正确面对挫折，而且也能顺利地摆脱困境。

5. 善于消除紧张心理

大多数家政服务员初次迈进雇主家门时，不可避免地会产生紧张心理，这是十分正常的情况。适度的紧张能提高工作效率，而且还能帮助家政服务员适应瞬息万变的社会环境。但是，如果过度紧张，则可能会在工作中手忙脚乱，忙中出错，甚至不能适应服务环境，从而影响到正常服务工作的开展。

家政服务员首次进入一个陌生的家庭，产生一些紧张感甚至有恐惧感是难免的，这是一种极为正常的心理反应。关键是家政服务员要对自己的职业有正确的认知，进入家庭是家政服务的职业特点。其实，与雇主之间的合作，是雇佣双方各取所需，家政服务员需要一份工作，需要一份工资，雇主需要有人来承担家庭中一份不可缺少的服务工作，是各自的需求使双方走到一起。在最初的接触中双方都会紧张，只是表现形式不同，关键在于雇请双方能否进行良好沟通。

6. 经常与家庭保持联系

常言道，“儿行千里母担忧”“一纸家书抵万金”。这两句话反映出中国人对待亲情的重视。外出务工人员一旦在外安定下来，应立即与家人取得联系，向家人报平安。家政服务员在服务期间也应经常给家人打电话、通过网络视频聊聊家常，向家人讲述自己工作生活的情况，以免家乡亲人挂念。

7. 学会办理存款和汇款

许多家政服务员为了方便，喜欢将大量现金带在身上，这是一种极为不好的习惯。随身携带大量的现金，这种做法既不方便又易丢失，在某些情况下还容易与雇主产生误会。家政服务员要学会办理存款和汇款。

现在到银行或邮局办理存款十分简便，凭本人身份证即可开户，在为银行卡或存折设置密码后，资金放在银行不但安全还能获得一定的存款利息，存取也非常方便，当需要用钱、存钱时，一般就近就会有银行的营业网点或ATM机。家政服务员只要注意妥善保管存折或银行卡，记住存款密码，即可方便地存钱、取钱。汇款可到任何一家邮局办理，或通过网银、ATM机等方式转账。汇款时要写清收款人的姓名、详细地址。要保存好汇款单据，以便查询。注意：存款、汇款都要填写真实姓名。

8. 生病与就医

家政服务员在服务期间，应特别注意身体健康，健康的身体是从事家政服务工作的基本条件。日常生活中，首先要做到：不暴饮暴食，讲究饮食卫生和个人卫生，少吃生冷食物；其次要保持良好的生活习惯，依据天气变化增减衣物，减少生病的机会。

家政服务员在服务期间如发现身体不适可先向雇主咨询，如果是一般伤风感冒，可以依据情况服用家庭常备药品。当然，也有些家政服务员为了省钱常常自己去药房买药吃，这种做法不值得提倡。最好的方法是：自感问题不大的小病，应该先到附近的社区医院就诊，请医生作出病情诊断后，再按照医生要求买药服药。女性家政服务员在服务期间，遇到经期可以适当调整工作内容，如果情况严重，可告诉女雇主请她给予适当的照顾。

职业模块 4 安全常识

内容结构图

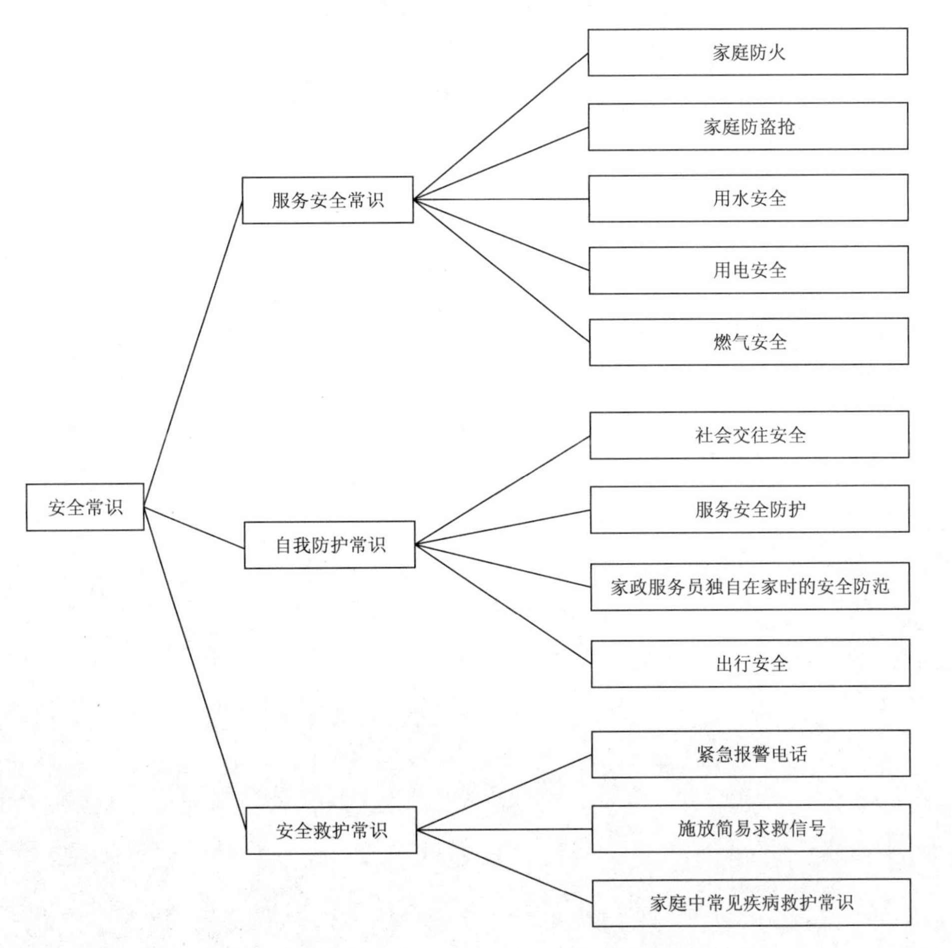

培训课程 1

服务安全常识

安全是家庭幸福的保障。家政服务员工作的岗位在家庭，在服务过程中保障雇主人身、家庭财物安全以及确保自身安全不受伤害，是家政服务员做好家政服务工作的前提。

一、家庭防火

1. 家庭火灾常见原因

（1）电器引发火灾

1）电器设备年久失修，电线绝缘老化，引起短路。

2）违章使用电器设备，如乱接乱拉电线，使接头处接触电阻过大。

3）用电负荷太大导致熔丝熔断，有些用户擅自换上粗熔丝甚至铜丝，引发火灾。

（2）燃气引发火灾

天然气、人工燃气、液化石油气等燃气所引起的火灾一般都是因为漏气、忘记关闭阀门或火焰被风吹熄，导致大量气体泄漏未被发觉，以致遇到明火（包括火星）燃烧，或者用气时人离开火源，导致食物烧干，引发火灾。

（3）冬季取暖设备引发火灾

主要是各种冬季取暖设备，如红外线取暖器、煤气取暖器、电热毯、空调器等升温时间太长，温度过高引起周围可燃物质的燃烧。

（4）其他原因

如儿童玩火、鞭炮引着易燃物或乱扔烟蒂等原因引起的火灾。

2. 家庭火灾的防范措施

（1）注意用电安全

1）使用各种电器应详细阅读说明书，掌握正确的使用方法。

2）正确使用接线板。一个接线板上不能同时连接多个电器（见图 4–1）。

图 4–1　多个电器同时使用一个接线板

3）家用电器出现故障，应及时请专业人员修理。不要擅自调换熔丝，严禁以铜丝代替。

（2）注意燃气的使用安全

1）不得私自装、接燃气用具（见图 4–2）。热水器不要安装在燃气灶上方或有热源的地方。使用燃气要遵守操作规程。遇故障应与燃气公司联系，及时解决。

2）当燃气设备工作时，人不能远离，以防发生意外。用火完毕，应关闭所有的燃气开关、阀门，以防漏气。

3）遇有气体泄漏（此时可闻到燃气味），不得开灯、划火柴，应立即关闭气源阀门，打开门窗通风排气（见图 4–3）。寻找泄漏点时不得用烟头、火柴、打火机等明火源查找，只能用肥皂水涂抹接头处和管道的可疑部位进行查寻。

图 4-2 不得私自装、接燃气用具

图 4-3 遇有气体泄漏，关闭气源，打开门窗通风排气

4）严禁用热水，甚至火焰烘烤液化气罐以利用余气的做法。

5）应经常检查燃气有否泄漏。检查方法是在晚上关闭所有燃气器具的开关，记下燃气表上最末一位读数，第二天早晨再去查看燃气表的读数有无变化（如有变化，说明燃气有泄漏）。当闻到燃气味时，要立即打开窗户，通知检修人员上门检修。

6）各种燃气设备要定期请专业人员进行保养和内部清洁，出现故障要及时维修，失效的零部件应随时更换，使它们始终工作在最佳状态下，确保使用安全。

7）使用炉灶时应有人照看，锅、壶等不宜盛水过满，以免溢出熄灭火焰（见图 4-4）。

图 4–4　使用炉灶时应有人照看

（3）注意取暖设施使用安全

1）各种取暖器具必须与易燃物品保持一定的距离。

2）不要用取暖器烘烤物品，尤其不要将湿的衣物、鞋袜、手帕、尿布等挂在取暖器上烘烤（见图 4–5）。

图 4–5　不要将湿的衣物挂在取暖器上烘烤

3）不得在取暖设备附近使用化学危险品，如汽油、酒精、香蕉水等。

4）电热毯不准折叠使用（见图 4–6）。给婴幼儿、老人、病人使用电热毯时，要防止尿床或弄湿；无人时不要让电热毯长时间通电；睡觉前最好关闭电热毯电源。

图 4–6 电热毯必须平铺使用

5）严格遵守各种取暖器的安全使用规定。人走时要切断取暖器的电源。

（4）其他防火措施

要禁止儿童玩火（见图 4–7）。

图 4–7 禁止儿童玩火

购买烟花爆竹应到国家有关部门批准经销的指定商店购买。燃放时要注意安全。在禁放区必须自觉遵守政府的禁放规定。

不要随地乱扔烟蒂、火柴梗，不要躺在沙发上、床上吸烟。

二、家庭防盗抢

家庭防盗关系到每个家庭的人身和财产安全。随着科技的发展，盗窃分子行窃手段也在不断更新，因此加强防范意识和能力，尤为重要。家庭的安全防盗主要分人防和技防两种方法。

1. 人防

人防指人力防范。简单地说就是通过人的能动作用，在掌握入室盗窃、抢劫等犯罪活动规律的基础上所采取的各种防范措施。

（1）入室盗窃、抢劫活动的一般规律

1）作案时间、空间特征。大多数入室盗窃、抢劫案发生在午夜至凌晨，以及上、下午这几个时间段内。后半夜是一天中最寂静的时候。劳累了一天的人们此刻都进入了梦乡，四周又是一片漆黑，正是犯罪分子猖狂作案的时机。而上午 9—11 时，下午 2—4 时，在一般人心目中是比较安全的时间，犯罪分子恰好利用人们这一心理，利用此时居民大都上班上学，只有老弱病残在家，以及住宅区内人流量相对减少等有利条件，进行入室盗窃或抢劫活动。

据统计，这类案件在新住宅区的发生率最高，特别是底层和四层以上住宅更为集中。因为底层围墙低矮，易于翻越，四层以上则来往人员较少，作案不易被发现。豪华的公寓别墅发案率也较高，时间主要集中在后半夜。高层住宅楼的这类案件则大多数发生在白天。

2）犯罪人员。以外来流动人员为主，也有本市常住户口的犯罪分子。

3）作案手段、方法。犯罪分子常常白天先“踩点”“打样”，摸清目标的周围环境、进出通道及人员出入特点（市郊结合部的新村住宅，特别是豪华的公寓别墅，常常是他们首选的目标），到了晚上便直奔目标作案。在入室的途径上，破窗而入约占到总数的一半，有的利用窗栅间距较宽从中爬入；有的利用窗栅不牢固、质地太软，用工具撬、剪后再进入室内；也有的则划破、敲碎窗玻璃或翻气窗入室。也有从房门入室的，手段有用插片开锁，有用工具撬锁，在无人的情况下甚至采用撞、踢、蹬门等方式破门入室。还有翻爬围墙、下水管，通过阳台再破窗、破门入室（见图 4–8），财物到手后便迅速逃窜。

图 4–8 作案的手段和方法

白天作案的案犯一般采用“一看、二听、三试探”的方法。即先看住房门窗是否关闭，有无明锁；再听室内有无收录音机、电视机及讲话等声响；然后进行试探。如果是底层则常用窥视及“投石问路”等方法，其他楼层就以找人、推销商品等为由敲开房门，窥测室内情况。如果只有老弱妇孺便以欺骗或暴力方式入室实施犯罪。有的犯罪分子还会冒充该家庭中不在家成员的朋友、熟人，或水、电、燃气抄表工、检修工欺骗住户进入室内作案。

犯罪分子在证实室内无人，通过破门破窗入室行窃时，如恰遇主人回来被发现，则极易转化为暴力伤害，甚至凶杀案件。

（2）防范措施

从上面入室盗窃、抢劫案的一般规律分析可知，犯罪分子要实施犯罪最重要的一点是必须进入室内，无论是插片、破窗，还是欺骗，其目的均在于此。

1）提高警惕、严守门户。

2）存款凭证、国债等有价证券，应记下号码后分散存放在不引人注意处。

3）户口簿、身份证、工作证、信用卡也应妥善分散保管。

4）存款、首饰等还可向银行租借保险箱保存。

5）不可轻易放陌生人或不熟悉的人进门。

6）当雇主不在家而有客来访时，应彬彬有礼地请来客与主人预约，或等主人回家后再来。

7）平时发现有陌生人在门前、楼道或庭院游逛、逗留，要密切注意观察，发现有犯罪迹象应立即报警（见图 4–9）。

8）多留意一起进入电梯楼梯的尾随人群，避免意外发生。

图 4–9　发现可疑人员要报警

2. 技防

技防即技术防范，就是利用各种技术、器材和设施加强防卫防范。技防不仅可以弥补人防力量的不足和局限，而且能当场抓获或吓退罪犯，这样可降低各类案件的发案率，是打击和预防犯罪（特别是入室盗窃、抢劫犯罪）的有力武器。

针对保护、防范的对象及要求的不同，技防的方法也各不相同。对于一般的住户居室的安全防范，主要有以下几个措施。

（1）加固门窗

家庭中的窗户尤其是底楼向外的门窗均应加装铁栅（包括厨房和卫生间），锁具应选用保险锁、防盗锁等安全性能高的产品。

（2）大门应安装防盗门

住宅的大门应安装符合国家标准的防盗门。铁门上不得用挂锁，要安装多保险暗锁。平时要养成随手锁上铁门的习惯，这样虽然麻烦一些，但安全性能却大大提高了。

（3）大门上应安装门视镜（俗称“猫眼”）和门链

由于门视镜的视角可达 140° 以上，因此从室内可方便地观察到门外的一切。当听到有人敲门或按响门铃时，应先从门视镜向外观察来人的情况，如有必要便可扣上门链后把门打开一定的角度。如果没有门链，则一定要在防盗门上锁的情况下再打开防盗门的通风窗。此时，一般的事（如抄表、询问等）均可得以解决。

（4）有条件的住户还可安装对讲装置、监视器、报警器等设备进行技术联防，以进一步保障安全（见图 4–10）。

图 4–10 技防示意图

三、用水安全

1. 树立节水意识、养成节水习惯

（1）节约用水是公民的责任

每位公民都要把节约用水放在首位，树立良好的节约用水意识，养成良好的节约用水习惯；珍惜水就是珍惜生命，爱水、惜水、节水从现在做起，从我做起，从小事做起；不买不节水的产品，遇到水管跑、冒、滴、漏的情况及时报告。

（2）节水最重要的是改变个人用水习惯

1）一个好习惯就能省下许多水。例如，许多人在用水未中断时，就开门迎客、接电话，往往忘记关掉水龙头（见图 4–11）；在洗手、洗脸、刷牙时，更喜欢让水哗哗地流着，殊不知这些习惯会浪费大量的水。

图 4–11　随手关紧水龙头

2）一水多用。家政服务员平时一定要养成循环用水的习惯（见图 4–12）。一般来说，可以把淘米或洗菜的水用来浇花，淘米、洗菜的水浇花用不完，可以积攒下来冲厕所。要知道，一水多用，不仅可以节约水资源，而且可以减少污水的排放量，保护地球。

图 4–12　循环用水

3）分质用水。现阶段家庭中要解决安全饮水的问题，分质用水是个好方法。即煮饭、煲汤、饮用等进入人体的水，使用自来水或桶装矿泉水；而洗菜、洗衣、洗脸、洗澡等日常生活用水则用自来水。当然，在一些自来水水质不稳定的地区和时期，使用一下净水器，也未尝不可，但不宜长期使用。

2. 家庭水源事故的预防和急救

（1）水源危险的预防

1）洗菜、刷锅、刷碗时，最好在水槽的下水口放上过滤网（见图 4–13），并随时清理过滤网上的垃圾。

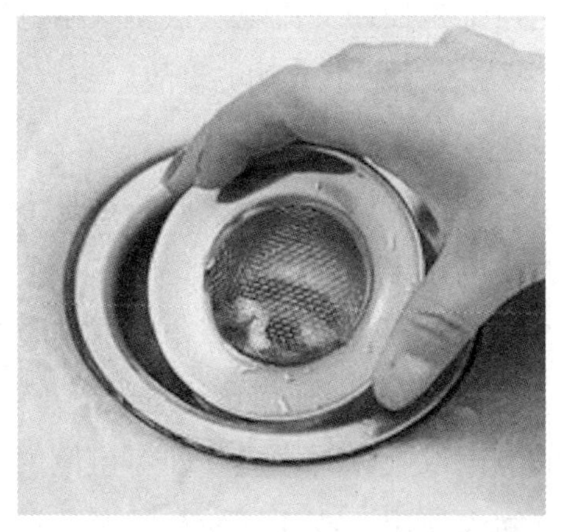
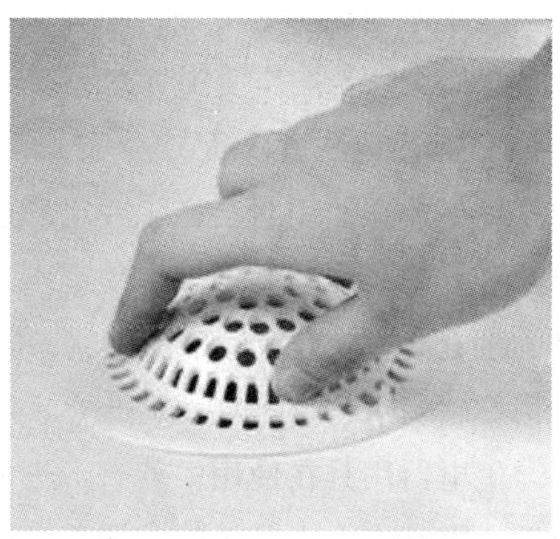

图 4–13 水槽的下水口放上过滤网

2）平时不要将剩饭菜等杂物从抽水马桶或厕所便池倒入下水道，以防堵塞。

3）卫浴室的地漏应经常清理，防止头发等垃圾堵塞下水道。

4）打开水龙头后发现无水流出，一定要随手关上水龙头，再联系修理事宜，以防发生意外。

（2）水源危害的急救

1）如下水道堵塞，应用专业工具疏通；如无法疏通可找专业人员来修理。

2）房间溢水应先断水源，然后将水从未堵塞的下水道排走，或用盆、碗、小簸箕等将水舀入水池排掉。

3）如水龙头年久失修，无法关死，应先关住总闸，然后换水龙头。如总闸无法关死，可用大一点的布团堵住水龙头口。

4）如水管裂开向外喷水，应先用毛巾等物缠裹水管，然后用水桶接水，以防止水流入房间。

5）如果水已溢到房间，应先把怕水浸的东西（如面粉、米等）放在高处，然后堵塞水源。

四、用电安全

目前，家用电器的使用日益普及，其功能也日益增多。家用电器中除了少量电器以干电池作为电源外，绝大多数电器都是使用交流电。很多家用电器设备都带水操作，若操作使用时方法不当，极易发生漏电或触电事故。

1. 安全用电注意事项

家用电器在使用时会产生一定的热量，在正常情况下产生的热量是不会影响电器和导线工作的。但如果使用不当，或电器出故障时，产生的热量会超过允许的额定值，导致线路中的熔丝（俗称“保险丝”）熔断，或电路保护装置断开（俗称“跳闸”）。此时，就要请专业人员维修。同时还应该注意以下几点。

（1）电器用具在使用中若有不正常的响声或气味时，应立即停止使用，切断电源，并请专业人员维修。切不可继续勉强使用，或让不懂行的人擅自摆弄电器用具和电线。

（2）严禁用湿手去操作电器用具的开关，或者去插、拔电源插头（见图 4–14）。在清洁电器用具时，切不可让水浸湿电源部分和接电插座。

图 4–14　禁用湿手操作电器开关

（3）各种大功率的家用电器均应接上接地线，以免漏电伤人。

2. 安全使用家用电器

（1）要掌握一般家用电器的使用方法，对没有见过或没有使用过的家用电器应先详细阅读产品说明书，按照使用说明操作，或者在雇主的指导下使用。特殊电器在得到雇主的同意前，禁止使用。

（2）使用电器过程中，如电器出现故障或异常情况，应立即切断电源，同时通知雇主或专业人员前来维修。家政服务员不要自作主张或自行解决，也不要让非专业人员修理电器或改造用电线路。

（3）家政服务员在日常生活和保洁过程中，严禁用湿手触摸电器开关或插、拔电源插头。禁止用湿抹布擦拭电器开关、插座表面，以免造成电器短路引发火灾。

3. 空调的使用与保养

家用空调主要分为分体、窗式及小型中央空调等。其中，分体式最多，一般为一个室外机连接一个或多个室内机。室内机依据安放方式，又分为壁挂式和柜式两种。空调的使用，可以直接操作面板的按钮，也可以通过遥控器操作。一般来说，窗式机和柜式机大都直接由面板操作，而挂机则大都通过遥控器操作。

空调使用时应注意以下事项：

（1）使用空调不要频繁开关。不要因为房间温度低于或高于要求值，而经常启动或关闭空调，而应当让空调通过温度控制器来控制启动和关闭。空调不使用时应关断电源，拔掉电源插头。空调无论因何种原因而停机（如突然断电、人为停机等），都不能立即开机，务必等待 3 分钟之后，才能重新开启，否则可能造成启动电流过大，烧毁熔丝，甚至烧毁压缩机电动机的后果。尤其要注意有效使用定时器。睡眠及外出时，请利用定时器使其仅在必要的时间内运转，以便省电。

（2）要注意调整室内外温差，一般不超过 8 ~ 10℃为好。室内开空调时间不要太长，最好经常开窗换气，以降低室内有害气体的浓度，定期注入新鲜空气。儿童、老人和病人房间的空调更要注意合理和科学地使用。

（3）使用空调的房间窗户应用窗帘遮挡。发挥空调最佳的制冷、制热效果，节约能源。冬季白天使日光射进房间，夜间用窗帘遮挡，以防热量损失。特别在夏季，遮住日光的直射可使空调节电约 5%。

（4）对空调进行经常性的维护保养，可以保持空调良好的使用效果和正常的寿命。

1）经常清扫空调面板和机壳的灰尘。一般使用干布擦拭，然后再用湿布擦拭。切勿用40℃以上的热水、汽油、挥发性油及腐蚀性溶剂擦拭空调面板和机壳。不应用硬毛刷刷洗空调，以免损坏外壳，造成脱漆、褪色等。

2）定期清洗空调的空气过滤网（见图4–15）。一般2～3周清扫一次。清扫时将过滤网抽出，用干的软毛刷刷去过滤网上的灰尘。也可用清水洗去过滤网上的灰尘。晾干后再装入空调器使用。对于灰尘较多的环境，过滤网的清洗应更经常，以免过滤网沾灰尘太多，影响空调的通风量。

3）空调长期停机时（如季节性停机）要拔掉电源，取出遥控器内的电池，以防损坏。对空调应做全面清洗。清洗好后只开空调的风机，运转2～3小时，使空调内部干燥，然后用防尘套将空调套好。

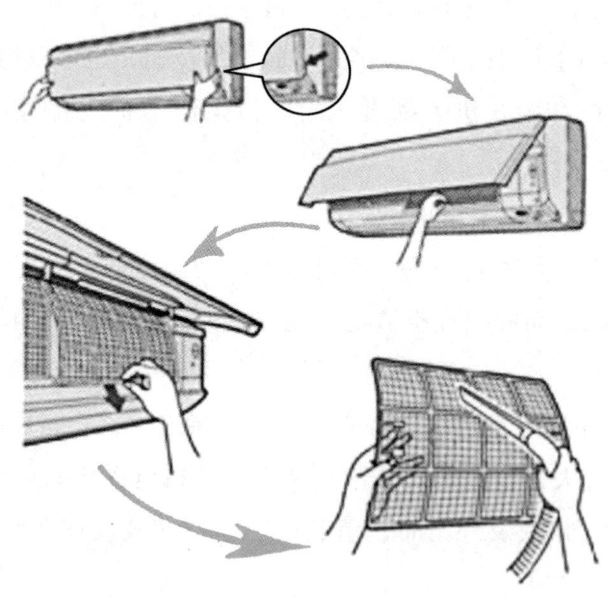

图4–15　定期清洗过滤网

4. 电热水器的使用与保养

电热水器（见图4–16）是利用电能来获得热水的，除了一些进口的特大功率电热水器是即开即热外，一般都是贮热式结构，它们的功率一般都较大，为1 200～3 000瓦，故安装时必须保证悬挂装置稳固，使用专线电源及专用插座。

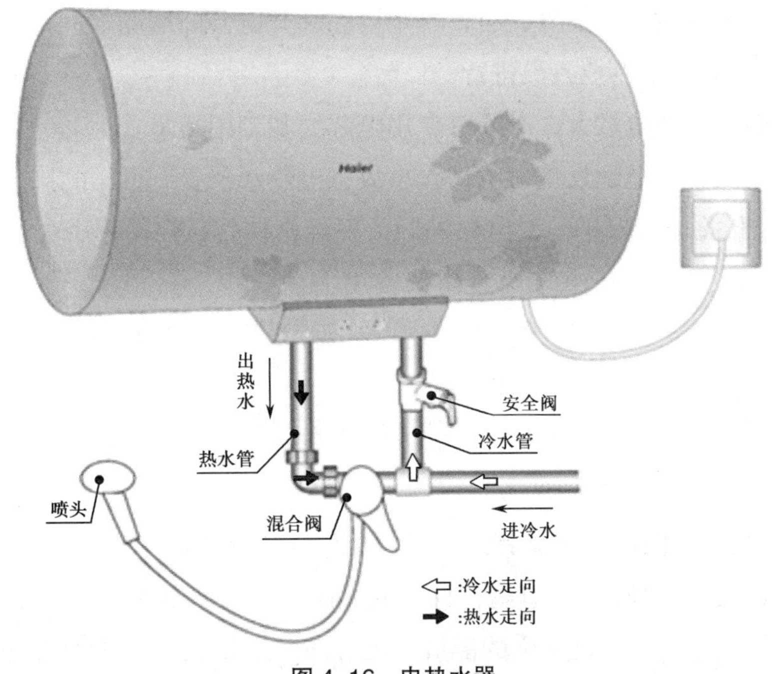

图 4–16　电热水器

由于电加热升温速度比较慢，所以在使用前先要进行预热。电热水器在使用时，应先打开进水阀，等水注满容器后（有的电热水器有水位指示装置），再合上电源开关进行加热，并且调节温度控制旋钮到所需温度。此时，加热指示灯亮，等容器内水温达到规定值时，加热指示灯熄灭，表示可以使用了，这时可打开出水阀让热水流出。贮热式热水器由于升温慢，所以在连续使用时，流出水温度会越来越低。

带有自动控制装置的电热水器，一般还具有预约加热功能。利用电费的分时计价制，预先设定加热时间，使用更方便、更经济。

（1）安全操作要求

1）使用前必须先进水，打开进水阀，等水注满容器后，才能打开电源开关加热，观察加热指示灯是否点亮。

2）调节温度控制旋钮到所需温度，等容器内水温达到规定值时，加热指示灯熄灭，打开洗浴龙头，使用热水。

（2）注意事项

1）电热水器的设定水温由安装人员上门安装时设定，此后通常不另外调整。而水温高低的控制可由使用者通过加入冷水的量来调节。

2）平时清洁电热水器外壳时，一定要在断开电源的情况下进行。内胆和发热管的除垢，必须由专业人员进行。

3）电热水器耗电较大，必须有专用电源线和专用插座。

4）为了防止漏电而发生触电伤人事故，电热水器要有可靠的接地线，并装有漏电保护开关进行保护。漏电保护开关要经常检查，在使用中如发现开关跳闸，要查出原因，排除故障后才能继续使用。

五、燃气安全

1. 家庭常用燃气类别

当前家庭使用的燃气主要有天然气、液化气和管道燃气三种。

天然气无色、无味，热值高，且一氧化碳及杂质含量少，是供城市居民日常使用的洁净高效、优质安全的能源。液化气无色、无味，热值低于天然气，有一定的杂质，长时间使用液化气，厨房里的炊具、灶具表面会有一层油状物。管道燃气的主要成分是一氧化碳，虽然也是无色、无味的，但却有毒，使用不当更容易引起煤气中毒。

特别提示

那么，天然气和液化气是否就绝对安全呢？其实不然，如果使用不当也会发生一氧化碳中毒，因为，燃气在燃烧时都在进行氧化反应。当在密闭的房间里，消耗氧气过多时，会使燃气燃烧不充分，也会产生一氧化碳而导致中毒。所以，使用任何燃气时都要注意通风，以防中毒。

2. 安全使用日常燃气设备

燃气灶具和燃气热水器是目前经常使用的燃气设备。主要分管道燃气专用型和天然气专用型两种。

（1）燃气灶具

1）使用时，要打开厨房的窗户或抽油烟机以利于通风。

2）必须遵守“先点火后开气”的次序，绝不能采取“气等火”的点火方法。国家提倡使用自动熄火装置的燃气灶，无此装置的燃气灶在使用过程中要防止火焰被风吹熄。

3）烧煮食品时，人不得离开火源。锅、壶等不宜盛水过满，要防止烧煮的汤、水因沸腾外溢浇熄火焰。也要避免锅内食品被烧干、烧焦导致起火（见图 4–17）。

图 4–17　避免锅内食品被烧干、烧焦导致起火

4）用气完毕，应关闭所有的燃气开关、阀门以防漏气。

5）燃气灶具与燃气管阀门或液化气瓶连接的橡胶管是特制的，不得用其他橡胶管或塑料管代替，橡胶管两端必须用金属夹夹紧。橡胶管易老化开裂，应时常注意检查更换。

（2）燃气热水器

燃气热水器分烟道式、平衡式及强排风式三种。而强排风式燃气热水器已成为目前市场上销售的主流品种。燃气热水器（见图 4–18）利用管道煤气、天然气或液化石油气加热自来水，可以做到即开即热。

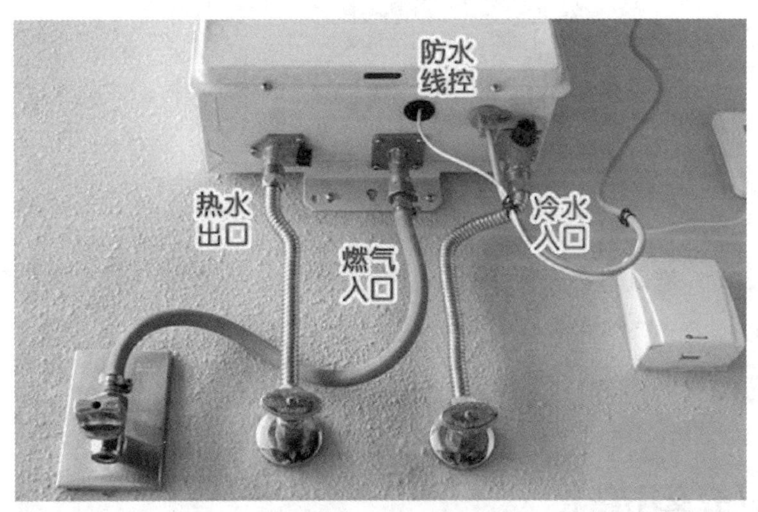

图 4–18　燃气热水器

1）操作程序

①开启厨房燃气阀。

②打开热水器进气阀及出水阀。

③打开水龙头自动点火。

④观察点火是否成功。

⑤旋动水温调节开关，调至所需要的温度。

2）注意事项

①热水器在使用中要消耗大量氧气，排出含一氧化碳的气体，所以禁止将热水器直接安装在卫生间内。一般最好装在厨房间或过道中。即使是允许装在卫生间的平衡式热水器，也最好在室内装一台换气扇，以保持新鲜空气流通。

②热水器不要安装在各种箱体内使用，也不能安装在燃气灶或其他热源的上方。热水器旁不能存放易燃易爆物质。使用时不要把热水器温度调得太高。

③使用天然气时应有人照看，停用天然气时，请关闭全部燃气开关以防发生意外。

④嗅到燃气气味或其他不正常气味时，应先开启门窗，关闭燃气气源，并立即通知燃气公司。若发生人员窒息、中毒等情况，应立即将患者送往医院抢救。

2 培训课程

自我防护常识

家政服务员是以进入家庭的形式，单独进行工作的一种比较特殊的职业。因此，家政服务员掌握一些在社会交往中的安全知识，学会自我保护尤为重要。

一、社会交往安全

1. 增强自我保护意识

（1）不贪图金钱

家政服务员外出务工都希望得到较高劳动报酬来改变自己的生活状况，而犯罪分子通常会利用人们对金钱的渴求，达到他们犯罪的目的。

许多犯罪分子以帮助介绍工作为名，用高额工资、体面的工作为诱饵进行诈骗活动，骗取受害人的钱、财、物、色，甚至威胁到她们的生命。

许多人贩子从各地的非法劳动力市场以雇工为名，将年轻妇女骗到外地卖给他人为妻或卖到发廊逼良为娼。

自我安全防护的关键：对飞来的“横财”和“好处”，特别是不很熟悉的人所许诺的利益，要深思和仔细调查，切忌贪小便宜。

（2）不轻信他人

目前，全国各个城市中都拥有大量的流动人口，一些犯罪分子也混迹其中。家政服务员在服务的过程中不要与不熟悉的人乱拉关系；即使与在工作中接触的人交往，也应非常谨慎。不要听到家乡话、见到家乡人就感到特别亲切，丧失了应有的警惕性，切不可随便将陌生人带到自己的居住屋或是雇主家中。天上不会掉馅饼，凡事都要三思而后行。

不要感情用事，要特别提防那些“有本事”或“有能耐”的人。那些自称名流、能人的诈骗分子为了能更快地取得对方的信任，以达到其不可告人的目的，大都会主动地炫耀自己的“本事”。当遇到这种人时，应当格外注意，因为这个“能人”很可能是一个十足的诈骗分子，而且正企图骗取信任。

（3）交友要慎重

家政服务员来到城市工作和生活，因城市的陌生和孤独而迫切需要找到一些知音，在工作和生活中结交一些朋友也是人之常情，但是在现实社会生活中，人的好与坏是最难辨别的，交友必须慎重。

年轻的家政服务员要有正确的恋爱观，不要迷恋城市的生活，不要幻想追求一切不符合实际的幸福，不要幻想利用婚姻改变自己的命运。有些坏人就是利用这种心理，骗钱又骗色。

对于表面上讲“感情”“哥们义气”的诈骗分子（特别是新认识的“朋友”“老乡”及遭受不幸的“落难者”），若提出钱财方面的要求，切不可被感情的表象所蒙蔽，不要一味地“跟着感觉走”而缺乏理智，要学会“听、观、辨”，即听其言、观其色、辨其行，要懂得用理智去分析问题。遇事学会冷静处理，如认为对方的钱财要求不合实际或超乎常理时，应及时向雇主或是周围信任的人反映，以避免不应有的损失。

（4）网络交友需谨慎

随着网络即时通信工具在中国的普及，越来越多的网民通过网络在虚拟世界结交网友，以得到在现实世界中无法得到的满足感。不法分子通常利用网络的隐蔽性，利用虚假身份进行恶意交友、聊天，甚至在与网友约会时，设下各种陷阱，进行不道德行为和违法犯罪活动。

1）身体侵害，主要是强奸。曾有一位少女赴网友约会被6名青年轮奸，一直未予报案，事隔一年后才揭发罪犯。此类犯罪主要针对年轻女性，尤其是中学生、大学生，利用她们结识网友的好奇心而实施强奸，有的也同时骗取钱财。约会地点一般由男方所定，时间一般为晚上，夏天为此类案件高发期。

2）侵财型。有的直接骗取网友身上财物；有的前往受害人住处伺机拿走财物溜之大吉；有的在约会过程中，假装倾诉自己缺钱，要求对方给予帮助；有的进行色诱，利用网友尝试一夜情的心理，在发生关系后抢走受害人身上的钱物；有的则干脆利用迷药，让约会人处于昏迷状态，攫取财物或拍裸照进行敲诈。

3）随着网友警惕性的提高，网友约会犯罪的手段也越来越高明，有的犯罪分子约会网友见面后先花费点钱带着对方游山玩水，表现得热情好客，在对方的警惕性完全放松的时候再作案。

4）安全提示

①请勿急于与网友见面。收集更多对方的信息，可以先尝试电话聊天。

②聊天时要有所保留，切勿全盘托出。

③不要碍于情面而勉强见面。在平时的交流中也应处处留心，若有不妥，及时终止交往。

④与网友约会时，可以考虑选择一个公共场所，如咖啡厅、酒吧、公园等，一定不要直接将对方带到家里。

⑤不建议在个人主页或博客上透露太多私人信息，尤其是住址、行踪、电话等信息。

⑥约会前，记得告诉家人或朋友要去什么地方，何时回来。约会时不要轻易饮用网友递给你的饮料或食品。

（5）外出要请假

家政服务员有事外出一定要向雇主请假，并告诉他们去向和返回时间。外出如果遇到意外情况不能按时返回应通知雇主，以备不测。

家政服务员不应在外留宿；外出办事后应及时返回雇主家中，不要在外流连忘返；休息日外出参加同乡聚会、购物或游玩，要把握回家的时间，一般情况不要天黑以后再回家，以防发生意外（见图 4–19）；与人约会的地点要选择交通方便、标志明显好找的地方，不要选择偏僻的地方。

图 4–19 单独外出要防止发生意外

外出如遇到歹徒，应沉着冷静，要想方设法地摆脱歹徒的纠缠，寻求路人帮助或立即报警，但要讲究方法和策略，前提是必须保护好自身的生命安全。

（6）保护好个人信息

1）银行卡给人们的生活带来了种种好处和便利，但家政服务员在使用时要注意：一定要通过正当途径办卡；使用中要注意保护好自己的个人信息，不要随意丢弃银行的交易单据，给自己带来不必要的烦恼甚至资金损失；要注意个人资料的保密，勿将身份证、银行卡等相关资料，包括银行卡号、密码等信息告知他人；单独去 ATM 机取款时，一定要注意观察周围情况，以防被抢劫（见图 4–20）。

图 4–20 防抢劫

2）随着计算机技术的飞速发展，信息网络手段已经被越来越多的家政服务员所接受和利用。用微信、QQ 联系时需提高信息安全意识，不要将生日、身份证等常用信息作为密码，并要定期更换密码及检查个人设置，不要随意加陌生人为好友，等等。也不要随意在网络留下个人资料，以防信息外泄。

3）要谨慎对待要求提供个人资料的可疑电话，须问清情况，不要盲目轻信，随意提供，以防诈骗。

2. 学会自我保护

（1）筑起思想防线，提高识别能力

消除贪图小便宜的心理。对雇主过于热情的馈赠应婉言拒绝，以免因小失大。一旦发现雇主对自己不怀好意，应主动提出辞职，以保护自己的权益不受伤害。

求职要到正规的劳动服务中介机构；寻求工作要切合实际，不奢望，莫虚荣。

（2）行为端正，态度明朗

家政服务员要做到自尊、自爱。自己行为端正，坏人便无机可乘。如果自己态度明朗，对方则会打消念头，不再有企图；若自己态度暧昧、模棱两可，对方就会增加幻想，继续纠缠。

（3）学会用法律武器保护自己

对于那些失去理智、纠缠不清的违法犯罪分子，家政服务员千万不要惧怕他们的要挟和讹诈，也不要怕他们打击报复，要严厉拒绝、大胆反抗。要学会运用法律武器保护自己。千万注意不能“私了”，“私了”的结果常会使犯罪分子得寸进尺，没完没了。

（4）学点防身术，提高防范的有效性

一般女性的体力均弱于男性，因此，家政服务员可以学点女子防身术，以便在遇到不测时能击打其要害部位，即使不能制服对方，也可制造逃离险境的机会。同时，受到伤害要注意设法在案犯身上留下印记或痕迹，以便在追查、辨认案犯时作证据。

二、服务安全防护

家政服务员在工作中，不仅要保护好自己的安全，而且要保护好雇主家的安全。正确掌握各种安全防范措施，尽可能地规避各种不安全因素。

1. 防触电

在雷阵雨天气，如在室外，不宜使用手机；室内应尽量少开视频类电器设备，以防雷击时电网发生故障，引发触电事故（见图 4–21）。

图 4–21 雷雨天气防触电

初次使用电器设备前，最好能了解其性能，做到规范操作；严禁用湿手去操作电器用具的开关，或者去插、拔电源插头；在清洁电器用具时，切不可让水浸湿电源部分和接插座，避免不必要的损害。

发生触电事故，要立即切断电源。如电源开关太远，可以站在干木凳上用不导电的物体，如木棒、竹竿、塑料棒、衣服等将触电者与带电体分开。莫将带电体碰到自己和他人身体，避免触电现象再发生。发现有人触电后惊慌失措，直接用手去拉触电者、用剪刀剪电线，都是错误的，这样做会使救人者自己触电。

2. 防高空跌落

在没有绝对保险措施的情况下，应拒绝进行高空擦窗等危险作业；登高取物或清洁时，应使用稳固的梯子，不要站在木箱、纸箱、旋转椅或其他不稳固的物品上。如果地面比较光滑，可铺设一些软布、纸板等物品以增加地面的摩擦力。家政服务员在工作时的衣着要便于活动，不宜穿裙子和高跟鞋。

3. 防火灾

（1）养成好的习惯

不存放易燃易爆物品；不使用劣质电器；点蚊香应采取有效的防火措施；

台灯不要靠近枕头和被褥；使用炉灶时应有人照看，锅、壶等不宜盛水过满，以免溢出熄灭火焰；用完熨斗后一定要养成随手切断电源的习惯；在睡觉前或家中无人时，要切断电视机、收录机、电风扇等家用电器的电源。

（2）火灾的自救方法

1）直接扑灭法。发生火灾时应沉着冷静，辨别火势。可先用水或家庭消防器灭火，但汽油、煤油、胶水等燃烧后，不可用水灭火。

2）隔绝空气法。用湿棉被等不燃、难燃物覆盖燃烧物，隔离空气，熄灭火焰。

3）防止蔓延法。从燃烧区移开易燃物或防止燃烧物飞散，阻断火势蔓延。

（3）火灾中的自救措施

火灾发生后，最直接威胁人们生命安全的是烟。这主要是因为烟比火轻，运动的速度快，表面温度高达 800～1 000℃，而 70℃的热气就可损坏人的呼吸道黏膜。另外，大量的可燃物燃烧之后产生一氧化碳，会导致人中毒、窒息死亡。所以，如果火灾发生后，自身难以灭火，甚至已经威胁到生命安全时，要想方设法地脱险，以保全家人和自身安全。常用的自救方法主要有：

1）逃离火区（见图 4–22）。起火后，应先稳定情绪，侦察判断火源方向，然后选择逆风方向快速离开火区。在离开火区时猫腰或在地面上爬行。如大火

图 4–22　逃离火区

封门，可淋湿床单或棉被裹紧身体冲出门。在逃离火场时不可直立，不能迅速跑动。因为烟是轻的，一般漂浮在上面，接近地面处烟气稀薄，对人体威胁较小。

2）防止烟中毒（见图 4–23）。用水（或尿）把毛巾或衣服浸湿后捂住鼻口，可延缓毒气被吸入体内，不可带火奔跑。身上着火应就地打滚熄灭，然后再用淋湿的床单、棉被、毯子裹紧身体冲出火区。

图 4–23 防止烟中毒

3）从窗户逃离（见图 4–24）。如大火封门，在一楼的住户可以选择从窗户逃离，如楼层不高，可借用绳子、床单等系在一起，从窗户滑下，但切忌从窗口往下跳，因为从较高的楼层跳下，非死即伤。高层着火，千万不能选择乘坐电梯撤离。

图 4–24 从窗户逃离

特别提示

火灾现场千变万化，掌握了上述处置、扑救的基本方法后还须根据现场状况灵活运用。因此，在火灾中逃生，最重要的就是冷静，保持头脑清醒，才能把火灾的损失和人身的伤害降至最低。

三、家政服务员独自在家时的安全防范

家政服务员单独在雇主家服务时，不得以任何理由带陌生人到雇主家；如果有人敲门，必须问清情况，认为安全时才开门；如果有人以抄水表、抄煤气表、维修、替雇主家送物品之类的理由想进家门，在无法确定真假时，不妨婉言拒绝，待家人回来后再告知，千万不要轻易开门；住家服务的家政服务员晚间独自一人睡觉时，请拉上窗帘、锁好门窗（见图 4–25）。

图 4–25　晚上睡觉拉窗帘、锁门窗

如遇到坏人要敢于斗争、善于斗争，首先要从精神上、气势上压倒对方。要记住任何犯罪分子在本质上是极其虚弱的，你越是软弱退缩，在客观上就越会助长罪犯的嚣张气焰。其次，要善于用脑，与之周旋或迷惑对方，避免不必要的伤害和牺牲，并伺机呼救、报警和制伏罪犯。

案件发生后，应立即向住所附近的公安机关报案，提供有关案件的初步情

况，如案件发生的地点、发生的时间、发生时现场的基本情况等，以便侦查人员及时赶赴现场开展侦破工作。

保护现场是刑事案件发生后极为重要的一项处置措施。刑事犯罪案件，特别是入室盗窃、抢劫案件的现场，蕴藏着大量的犯罪信息与犯罪的痕迹、物证，是侦破案件的出发点，必须严加保护，等候侦查人员到达。

特别提示

1. 刑事案件发生后，不要为了解财物损失情况，而急于整理凌乱甚至惨不忍睹的现场，最好保持原状，待警方确认后再清理现场。

2. 防止他人进入现场，以免破坏现场原貌，并及时通知雇主。

3. 如为抢救被害人而必须进入现场时，也应尽量缩小移动或翻动的范围，并记住翻动前的原状，以便提供给侦查人员。

4. 不能随意复原现场上已被犯罪分子翻动过的物品。

四、出行安全

随着城市建设的日新月异，车辆和人流不断增加，道路交通日益繁忙。了解和掌握走路、乘车、骑车的基本交通安全知识，提高自身保护能力，可以防止和避免交通事故的发生。

1. 交通安全知识

（1）交通标线

交通标线是指城市主要道路的路面上漆划的各种线条。道路中间长长的黄色或白色直线是车道中心线，它用来分隔来往车辆，使它们互不干扰。中心道两侧的白色虚线是车道分界线，它规定机动车在机动车道上行驶，非机动车在非机动车道上行驶。在路口四周有一根白线是停止线，红灯亮时，各种车辆应该停在这条线内。路面上用白色平行线组成的长廊是人行横道线，行人在这里穿越马路最安全。

（2）行人护栏

主要道路上设有行人护栏和隔离墩两种交通隔离设施。行人护栏是用来保护行人安全，防止行人横穿马路走入车行道和防止车辆驶入人行道的。隔离墩是安装在车行道上用来分隔机动车与非机动车或来往车辆的。行人不能随意跨越护栏和隔离墩。

（3）交通信号灯

在十字路口，四面都悬挂着红、黄、绿三色交通信号灯。红灯亮，禁止车辆直行或左转弯，在不妨碍行人和车辆通行的情况下，允许车辆右转弯；绿灯亮，准许车辆直行或转弯；黄灯亮，各种车辆须停在路口停止线或人行横道线以内，已经超过停止线的车辆，可以继续通行，黄灯闪烁时，警告车辆注意安全。

2. 出行注意事项

（1）过马路走横道线

1）走路时，思想要集中，不能三五成群并排行走。

2）行人须在人行道内行走，没有人行道靠右边行走。

3）穿越马路须走人行横道（见图 4–26）。

图 4–26　走人行横道

4）通过有交通信号控制的人行横道，须遵守信号的规定；通过没有交通信号控制的人行道，要左顾右盼，注意车辆来往。

5）不能在汽车前、汽车后急穿马路（见图 4–27）。因为车前车后是驾驶员的视线死角，在此范围内急穿马路，最容易造成车祸。

6）不能边看手机边在马路上行走，防止因注意力过于集中在手机上而不知道或来不及避让危险，更不能边看手机边过马路。

（2）文明乘车

1）不要携带汽油、爆竹等易燃易爆危险品乘坐公交车辆和轨道交通。

图 4–27 不能在汽车前、汽车后急穿马路

2）外出乘坐公交车辆，应在站台上有秩序地候车。车停稳后，让车上的人先下车，然后依次上车。上车后要主动买票。遇到老、弱、病、残、孕和怀抱婴孩的人应主动让座（见图 4–28）。

图 4–28 主动让座

3）乘车时不要把头、手、胳膊伸出窗外，以免被对面来车或路边树木等刮伤；也不要向车窗外乱扔杂物，以免伤及他人。

4）乘车时要坐稳、扶好。没有座位时，要双脚自然分开，侧向站立，手应握紧扶手，以免车辆紧急刹车时摔倒受伤。

（3）安全骑车

1）拐弯前须减速慢行，向后瞭望，伸手示意，不要突然拐弯。

2）骑车时要双手握把，不要攀扶其他车辆或手中持物。

3）要经常检查车辆的性能、响铃、刹车等，发现问题应及时修理。

4）不要撑伞骑车或骑车带人。

3 培训课程

安全救护常识

家政服务员在雇主家工作时，碰到或发生一些意想不到的事情也在所难免，掌握处理突发事件的方法，有利于培养良好的应急心态，冷静面对和处置，确保自身及雇主家庭的生命财产安全。因此，家庭的安全救护是家政服务员做好安全服务工作应该具备的能力。

一、紧急报警电话

紧急报警电话全国统一为：匪警“110”、火警“119”、急救“120”。拨打这三个电话，不用拨区号并免收电话费；投币、磁卡电话不用投币或插磁卡。

1. 拨打“110”报警电话

当遇到抢劫、盗窃、杀人或有人打架、斗殴（械斗）及发生灾害事故，家人（旁人）在紧急状态下需要公安机关救助时，都可以拨打“110”报警电话求助（见图 4–29）。

（1）拨通“110”报警电话后，应再追问一遍：“请问是‘110’吗？”一旦确认，请立即说清楚案件、灾害事故或求助的确切地址。

（2）简要说明情况。如果是求助，请说清因为什么事；如果是发生了案件，则说明歹徒的人数、交通工具、作案工具等情况；如果是灾害事故，请说清灾害事故的性质、范围、损害程度等情况。报警时要说清自己的姓名和联系电话，以便与公安机关保持联系。

图 4–29 “110” 报警

（3）如果歹徒正在行凶，拨打“110”报警电话时要注意隐蔽，不让歹徒发现。

2. 拨打“119”火警电话

当遇到火灾或化学事故时，应立即拨打“119”火警电话（见图 4–30）。

图 4–30 “119” 火警

“报警早，损失少”，一旦发现火情，既要积极扑救又要及时向消防部门报警。发现火灾应及时报警，这是每个公民应尽的消防义务。任何单位、个人都应当无偿为报警者提供便利，不得阻拦报警。

（1）拨打火警电话，要沉着镇静，听见拨号音后，再拨“119”号码。

（2）拨通“119”火警电话后，应再追问一遍对方是不是“119”，以免打错电话。

（3）准确报出失火的地址（路名、小区名、门牌号）。如说不清楚时，请说出周围明显的建筑物或道路标志。

（4）简要说明由于什么原因引起的火灾及火灾的范围，以便消防人员及时采取相应的灭火措施。

（5）不要急于挂电话，要冷静地回答接警人员的提问。

（6）电话挂断后，应派人在路口接迎消防车。

3. 拨打“120”急救电话

“120”是国际通用的医疗救护电话号码，是居民日常生活中寻求医疗急救的专用电话。当遇到自己或他人突然发生重伤、急病等情况时，可以拨打“120”急救电话（见图 4–31）。

图 4–31 “120”医疗救护

（1）拨通“120”急救电话后，应再问一句：“请问是医疗救护中心吗？”以免打错电话。

（2）说清需要急救者的住址或地点、年龄、性别和病情，以利于救护人员及时迅速地赶到急救现场，争取抢救时间。

（3）说清自己的姓名和联系电话，以便与救护人员保持联系。

特别提示

1. 拨打报警电话是一件非常严肃的事，不要因开玩笑、赌气或好奇而随便拨打。

2. 家政服务员如果发出的紧急呼救内容是雇主家中之事，在发出紧急呼救后，除应做好基本的应对外，还应立即将事件的情况通知雇主或其亲属。

二、施放简易求救信号

当被困或发生危难又没有通信工具时，应及时地施放简易求救信号。

1. 声响求救

当遇到危难时，可以采取大声喊叫、吹响哨子或猛击脸盆等方法，向周围发出求救信号。

2. 光线求救

当遇到危难时，可以使用手电筒、镜子反射太阳光等方法。每分钟闪照 6 次，停顿 1 分钟后，重复同样信号，向前方发出求救信号（见图 4–32）。

图 4–32　光线求救

3. 抛掷软物求救

当在高楼遇到危难时，可以抛掷软物，如枕头、塑料空瓶等，向地面施放求救信号。

4. 烟火求救

当在野外遇到危难时，白天可燃烧新鲜树枝、青草等植物发出烟雾；晚上可点燃干柴，发出明亮闪耀的红色火光，向周围发出求救信号（见图 4–33）。

图 4-33　烟火求救

5. 野外求救

用树枝、石块或衣服等物品在空地上堆出“SOS”或其他求救字样，每字至少长 6 米，向高空发出求救信号（见图 4-34）。

图 4-34　野外求救

三、家庭中常见疾病救护常识

在日常生活中，家政服务员或是所服务家庭的成员遇到意外伤害，是很难避免且难以预料的。有些意外如果不及时医治或者操作不当的话，很可能会对自身或者他人的身体造成伤害，所以，家政服务员掌握一些急救常识非常必要。

1. 足踝扭伤急救法

轻度足踝扭伤，应先冷敷患处，24 小时后改用热敷，用绷带缠住足踝，把脚垫高，即可减轻症状。

2. 手指切伤

（1）如果出血较少且伤势并不严重，可在清洗之后，以创可贴覆于伤口。不主张在伤口上涂抹红药水或止血粉之类的药物，只要保持伤口干净即可。

（2）若伤口大且出血不止，应先止住流血，然后立刻赶往医院。

具体止血方法：伤口处用干净纱布包扎，捏住手指根部两侧并且高举过心脏，因为此处的血管是分布在左右两侧的，采取这种手势能有效止住出血。使用橡皮止血带效果会更好，但要注意，每隔 20 ~ 30 分钟必须将止血带放松几分钟，否则容易引起手指缺血坏死。

3. 骨折急救法

（1）止血

有出血可用绷带压迫包扎止血，严重者可用止血带。

（2）包扎

对开放性骨折用消毒纱布加压包扎，暴露在外的骨端不可回纳伤口整复，以免感染，必须到医院处理。

（3）固定

用衣服等软物衬垫着，夹上夹板，无夹板时也可用木棍等代用，要把伤肢上下两个关节一起固定起来后，再送医院治疗（见图 4–35）。

图 4–35 骨折固定

4. 鼻出血

鼻出血是由于鼻腔中的血管破裂造成的，鼻部的血管都很脆弱，因此流鼻血也是比较常见的小意外。

急救办法：身体微微前倾，并用手指捏住鼻梁下方的软骨部位，持续

5～15分钟。如果有条件的话，放一个小冰袋在鼻梁上也有迅速止血的效果。上述方法无效时，应立即送医院进行治疗。

5. 异物吸入急救法

异物误入气管、食管时，应让患者头朝下，拍击其背部，促使其咳吐出来，以防异物阻塞气管引起窒息。也可用手指伸入舌后根，使其恶心吐出来。如无效，应赶快送医院进行治疗。

6. 婴幼儿窒息急救法

婴幼儿喂奶或服药时窒息，应立刻把孩子倒提起来，轻拍臀部，使其排出气管内的堵塞物。婴幼儿因蒙被睡觉或襁褓包得太紧发生窒息，出现面色青紫甚至停止呼吸时，应该立即口对口人工呼吸，并迅速送医院抢救。

7. 灼伤急救法

（1）迅速脱离灼伤源，以免灼伤加剧。

（2）尽快剪开或撕掉灼伤处的衣裤、鞋袜。

（3）用冷水冲洗伤处以降温。

（4）小面积轻度灼伤可用必舒膏、玉树油等涂抹。

（5）用清洁的毛巾或被单保护伤处，并尽快送医院治疗。

8. 脑出血

如果家里有老年人突然口齿不清甚至昏迷，就有可能是突发脑出血，要将病人平卧，若病人呕吐要将病人的头向一边侧，使异物自己流出并及时清除，以防意识不清被呕吐物堵塞气管窒息；要用湿毛巾冷敷病人额头，帮助降低脑部血压，并及时拨打120急救电话。

9. 心脏病发作急救法

（1）尽量解除患者的精神负担和焦虑情绪。

（2）立即将硝酸甘油或消心痛放于患者舌下。

（3）让患者取半坐位，口服1～2粒麝香保心丸。

（4）如心搏骤停，可用胸外心脏按压法急救。

胸外心脏按压是心脏停搏时采用人工方法使心脏恢复跳动的急救方法。心跳停止应立即进行胸外心脏按压，具体方法如下（见图4–36）：

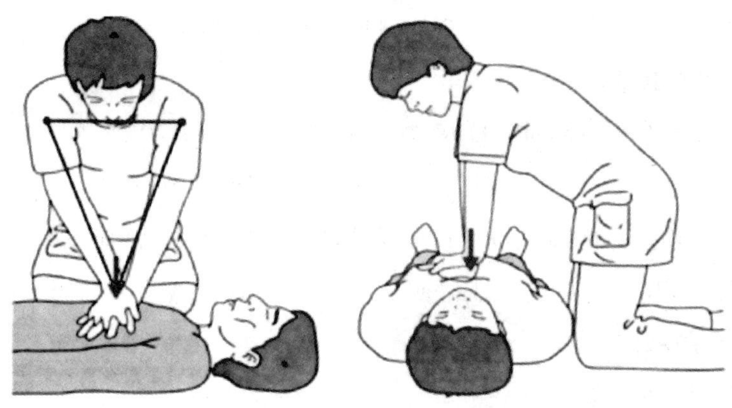

图 4–36　胸外心脏按压

1）迅速将病人置于仰卧位，平放于地面或硬板上，解开衣领，头后仰使气道开放。抢救者跪（或站）在病人左侧，先向病人口对口吹几口气，以保持呼吸道通畅并让病人得到氧气。

2）用手握拳猛击病人心前区 1～2 下，拳击可产生微量电流，使心脏恢复跳动。

3）按压部位为胸骨中段 1/3 与下段 1/3 交界处。

4）以左手掌根部紧贴按压区，右手掌根重叠放在左手背上，使全部手指脱离胸壁。

5）抢救者双臂应伸直，双肩在病人胸部正上方，垂直向下用力按压；按压要平稳，有规则，不能间断，不能冲击猛压，下压与放松的时间大致相等。

6）按压次数：成人每分钟 80～100 次，儿童每分钟 100 次，婴儿每分钟 120 次。

7）按压深度：成人胸骨下陷 4～5 厘米，儿童 3 厘米，婴儿 2 厘米。

8）对儿童心脏按压只需用一只手掌紧贴按压区；婴儿只需用中指与食指在按压区加压就行了，位置要高一点，靠近乳头连线中点上方一指。

9）在进行胸外按压的同时，要进行口对口人工呼吸。只有一人抢救时，可先口对口吹气 2 次，然后立即进行心脏按压 15 次，再吹气 2 次，再按压 15 次；如果有两人抢救，则一人先吹气 1 次，另一人按压心脏 5 次，接着吹气 1 次，再按压 5 次，如此反复进行，直至有医务人员赶到现场。

10）心脏按压用的力不能过猛，以防肋骨骨折或其他内脏损伤。若发现病人脸色转红润，呼吸心跳恢复，能摸到脉搏跳动，瞳孔回缩正常，抢救就算成功了。因此，抢救中应密切注意观察呼吸、脉搏、瞳孔等。

10. 燃气中毒急救法

觉察到自己燃气中毒时，应尽快打开门窗，迅速离开现场。如已全身无力，要赶紧趴在地上，爬至门边或窗前，打开门窗呼救。发现他人燃气中毒，应立即打开门窗，将患者抬离现场。中毒者如呼吸、心跳不规则或停止，需马上进行体外心脏按压和口对口的人工呼吸，并送往医院抢救。

11. 触电急救法

（1）迅速切断电源。

（2）一时找不到闸门时，可用绝缘物挑开电线或砍断电线。

（3）立即将触电者抬到通风处，解开衣扣、裤带，若呼吸停止，必须做口对口人工呼吸或将其送到附近医院急救。

（4）可用盐水或凡士林纱布包扎局部烧伤处。

12. 中暑紧急救护

中暑是严重危害人类健康和生命的急症。中暑一般表现为出汗、口渴、头昏、无力、耳鸣、胸闷、心慌、面色苍白、恶心呕吐、血压下降、体温升高等。凡出现神志恍惚、烦躁不安、昏迷、抽搐、肌肉不由自主地抖动、皮肤干燥无汗等都称为中度中暑。

紧急处理方法：

（1）将患者迅速移至阴凉或有空调处，用凉水或冰水毛巾敷于患者头部、颈部、腋下、大腿根部，有条件者还可以用冰袋、冰枕或冰块为患者冷敷。

（2）用冷水或30%的酒精擦浴，直到皮肤发红，以促使热量散发；冷水擦身加电风扇吹风。

（3）饮用浓度为0.3%的淡盐水或其他清凉饮料，防止肌体水盐的过量丢失。但要注意，短时间内不要饮水过多，一般1小时内不超过1 000毫升。

（4）可用清凉油、风油精涂抹人中穴、后脑窝处，并让患者内服十滴水、人丹、藿香正气水（丸、散）等防暑降温药物。

13. 冻伤急救措施

冻伤是北方冬季常见的多发病，轻者红肿痛痒，重者则会截肢造成残疾。为此，大家都应掌握一些冻伤急救常识。

保护冻伤部位：冻伤发生后，应迅速用棉被保护受冻部位，并迅速将患者护送到室温 20 ~ 30℃的室内。切忌采用雪搓、冻水浸泡或直接用火烤等方法，这样会使病情更加恶化。

特别提示

1. 急性腹痛忌服用止痛药，以免掩盖病情，延误诊断，应尽快去医院查诊。

2. 昏迷病人忌仰卧，应使其侧卧，防止口腔分泌物、呕吐物吸入呼吸道引起窒息。更不能给昏迷病人进食、进水。

3. 脑出血病人忌随意搬动，随意搬动会使出血更加严重，应让病人平卧，抬高其头部，即刻送至医院。

职业模块 5 卫生常识

内容结构图

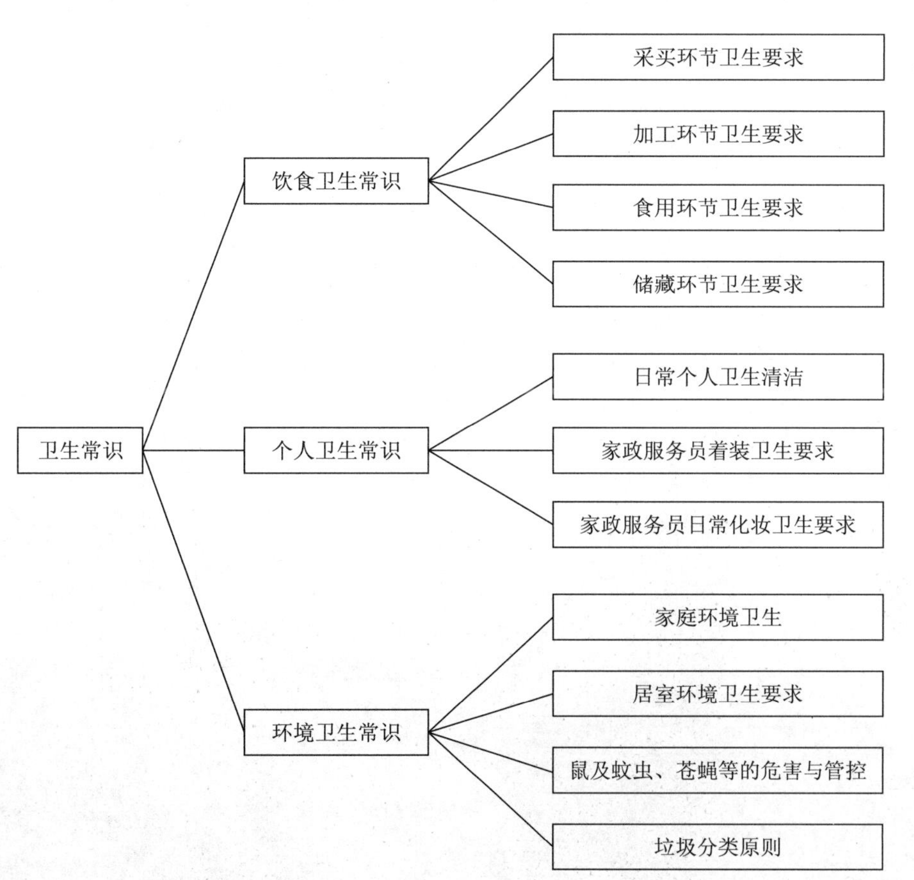

人们生活的环境中存在着大量致病、致腐的有害微生物，其通过多种途径传染给人体，危害人类健康。为预防疾病，防患于未然，在日常生活中，家政服务员一定要定期对家庭环境和物品进行消毒，及时消除生活环境中的有害微生物，确保生活质量和人身健康。

培训课程 1 饮食卫生常识

家庭饮食卫生要关注原材料采买、加工、食用与储藏等环节。为保障雇主身体健康，家政服务员要严把食品采买、加工、食用与储藏各环节卫生，严防食品卫生事故的发生。

一、采买环节卫生要求

（1）不购买“三无”产品，不购买过期、腐败变质、油脂酸败、霉变的食品。

（2）购买肉类、水产品、豆制品等必须新鲜不变质，蔬菜、瓜果要新鲜。

（3）不购买病死、毒死或者死因不明的禽、畜、水产动物及其制品。

二、加工环节卫生要求

1. 粗加工卫生要求

各种食品原料在粗加工前应仔细进行感官检查，有问题的食品均不宜清洗加工。

（1）肉类

对肉类进行粗加工要摘除肾上腺、甲状腺、病变淋巴结等有害腺体，洗清肉上的毛、血、污。肠、肚等内脏与肉品要分开清洗，分容器盛放，以免串味污染。冷冻肉应自然解冻，不宜采用自来水冲淋，甚至温水浸泡等方式解冻，否则会加速肉类变质。

（2）水产品

对水产品进行粗加工要刮鳞去鳃和内脏。对死黄鳝、甲鱼、河蟹、乌龟和贝壳类及一些有毒鱼（如河豚等）的内脏（特别是肝脏）要坚决剔除，决不能作为食品原料使用，否则极易引起食物中毒。

（3）蔬菜

对蔬菜进行粗加工要摘去枯黄叶、去除泥沙杂物和不可食用部分后再进行清洗。由于蔬菜在种植时多采用人畜粪便作肥料，要认真、反复地多次清洗。为防止营养流失，对各类蔬菜均应按照“一拣、二洗、三切”的顺序进行操作。清洗后的蔬菜不应有泥沙杂质，不应放置过夜。

2. 烹调过程卫生要求

（1）加工场所卫生

灶台面应经常洗刷，做到无油垢、无积灰、无食物残渣，抽油烟罩不滴油，工作结束后还要做好地面、灶台、操作台和用具的清洁、洗刷、消毒、清扫等卫生工作，以保持加工场所卫生清洁。

（2）调味料卫生

各种调料、作料要妥善保存，用后要及时加盖，禁止使用发霉、生虫、过期的调料和非食品用添加剂。

（3）饭菜一定要烧熟煮透

整只鸡、鸭、大块肉等食品的中心温度要达到80℃以上才能烧熟，并注意上下翻动，否则，很容易里生外熟。用反复多次使用的油炸肉丸及外裹一层面粉类的食物时，由于油色较深，食品下锅后很快呈现深黄色或外焦现象，实际上这时食品内部可能还没熟。

（4）防止产生有害物质

常见现象有：食用油经过多次反复加热，可加速油脂氧化裂解产生有毒物质。因此，要经常补充新油和滤除油渣，减少油中有害物含量。

（5）烘烤食品卫生

烘烤食品时应避免明火直接与食品接触，以免产生多环芳烃等有害物质。因此，对烟熏食品应揩去附在食品表面的烟油，可减少食品中有害物质的含量。

（6）防止交叉污染

要注意个人卫生和操作卫生。冰箱、容器、刀、案、抹布等一定要生熟分开，并要有明显的“生、熟”字样的标记。尤其是装过生菜（肉）的盘子如果没有清洗，不能再直接盛放炒好的菜。抹布要经常搓洗，用后洗净晾干，不宜用抹布揩擦已消毒过的餐具、容器。炒菜时不用炒勺或手指直接尝味，尝后汤菜不应倒回锅内。

三、食用环节卫生要求

在日常生活中，人们常有一些不卫生的饮食习惯和行为，但很多人对此尚未重视起来，这对身体健康十分不利。

1. 养成吃东西前洗手的卫生习惯

人的双手每天接触各种各样的东西，会沾染病菌、病毒或寄生虫卵。吃东西以前认真用肥皂洗净双手，能减少“病从口入”的机会。

2. 生吃瓜果要洗净

瓜果蔬菜在生长过程中不仅会沾染病菌、病毒、寄生虫卵，还有残留的农药、杀虫剂等，如果不清洗干净，不仅可能染上疾病，还可能造成农药中毒。

3. 不随便吃野菜、野果

野菜、野果的种类很多，其中有的含有对人体有害的毒素，缺乏经验的人很难辨别清楚。只有不随便吃野菜、野果，才能避免中毒，确保安全。

4. 不吃腐烂变质的食物

食物腐烂变质，就会味道变酸、变苦，散发出异味儿，这是细菌大量繁殖引起的，吃了这些食物会造成食物中毒。

5. 不随意购买、食用街头小摊贩出售的劣质食品、饮料

劣质食品、饮料往往卫生质量不合格，食用、饮用会危害健康。

6. 不喝生水

水是否干净，仅凭肉眼很难分清，清澈透明的水也可能含有病菌、病毒，喝开水最安全。

四、储藏环节卫生要求

（1）粮食要放在通风、干燥处，防止霉变、生虫。

（2）肉类、水产类、禽类、蛋类、副食类可放在电冰箱内进行低温冷藏。

（3）生熟食物要分开放置。肉类、水产品、副食类等放置前应用保鲜膜包装，避免交叉污染。

（4）热的饭菜应待其冷却后再放置在冰箱内保存，以降低能源的消耗。

（5）过夜饭菜应重新加工后再食用，有味变质的食品不要再吃。

（6）餐具器皿使用后，要清洗、消毒，晾干妥善放置。有条件的可放置消毒柜中进行消毒，无条件的可定期地采用高温蒸、煮的方法消毒。

（7）灶具、炊具要经常清洗或消毒。厨房中的器皿、刀具、砧板、抹布、食品等一定要做到生熟分开并严格消毒。

（8）要经常清洁整理冰箱、冰柜。存储食物要密闭包装后放入，时间不要太长，不食过期、腐败变质、油脂酸败、霉变的食品。

（9）消灭苍蝇、老鼠、蟑螂。苍蝇、老鼠、蟑螂都是传播各种疾病的最大载体，如不加以消灭，将导致人群被传染疾病的概率增大。

2 培训课程

个人卫生常识

家政服务员的卫生状况直接关系到雇主的健康。仪容装扮不洁、不修边幅、不讲究卫生的家政服务员很难获得雇主的认可。

一、日常个人卫生清洁

1. 口腔清洁与牙齿健康

口腔清洁的重点在于控制菌斑，消除污垢和食物残渣，增强生理刺激，使口腔和牙颌系统有一个清洁健康的良好环境，从而发挥其生理功能，维护口腔健康。

牙齿健康是一个人健康的重要标志，也对全身健康有着重要影响。加强牙齿保健，定期进行牙齿检查，出现问题及时治疗，是保持牙齿健康的重要措施。

（1）及时清洁牙齿

在咀嚼食物的过程中，牙齿间隙经常夹进食物的碎屑，这些残留物对牙齿和牙周组织都有着不小的伤害。我们可以通过及时漱口来清除大部分残留物，对于卡在牙齿缝间的纤维可以通过刷牙或使用牙线等工具进行清除，以保持口腔卫生。

（2）给牙齿充足的营养

牙齿和其他的器官一样，离不开各种营养食物。所以应该注意饮食多样化，不要偏食，多吃对牙齿有益的食物，如芹菜、苹果等。

（3）养成正确的咀嚼习惯

咀嚼时同时使用双侧牙齿或两侧牙齿交替使用，避免牙齿过度磨损。及时纠正用牙齿咬硬物的不良习惯，避免用牙齿开启啤酒瓶。

（4）养成早晚刷牙的习惯

睡前刷牙尤为重要，因为在入睡后细菌在口腔的温度环境中和唾液分泌量减少的情况下很容易繁殖，更容易腐蚀牙齿形成龋洞，因此睡前刷牙要尽量彻底，这对预防牙病具有重要作用。

（5）积极防治牙齿病变

根据刷牙时刷毛是否沾有血迹，咀嚼食物时食物上是否有血迹，可判断是否患有牙龈炎。应该经常通过照镜子查看牙龈健康情况，如牙龈红肿，并伴随出血现象，可判断有牙龈炎。牙齿有不同程度的松动，牙根暴露或牙龈红肿、有脓，可判断已发展为牙周炎。口腔有较大的口气或口臭，可判断可能有牙周炎。照镜子查看有无蛀牙、牙结石、牙渍，如有相关问题可以及时看牙医。牙痛可能是牙龈炎、牙髓炎或牙周炎的症状。对冷热刺激有酸疼的反应，说明牙齿出现过敏现象。牙表面出现裂痕，缺乏光泽，说明牙齿开始出现釉质流失，牙齿出现矿化。以上问题要及时看牙医。

2. 双手清洁卫生

（1）应做好手部的清洁卫生，饭前便后要洗手。

（2）家政服务员每天要做许多工作，手的使用频率非常高，手上沾上一些细菌是在所难免的，因此在做饭、触摸食品和接触婴幼儿前一定要洗手。

（3）洗手时可用肥皂或香皂反复搓洗，必要时可用刷子蘸肥皂水或消毒液将手彻底洗刷干净，按照腕、手掌、手背、指甲、指甲缝等处顺序进行刷洗。

（4）手指甲缝内很容易藏有污垢，是细菌繁殖和生长的重要场所，所以清洗时尤其要注意指甲缝的清洗。

（5）家政服务员不应留长指甲，不要涂抹指甲油，每周应至少剪指甲 1~2 次。

3. 双脚清洁卫生

（1）应坚持每日用温热水洗脚 20 分钟左右，在消除疲劳的同时可以有效保持双足卫生清洁、无异味。

（2）洗脚时，要把双足浸泡于热水中，泡至脚部轻微发红为止。此方法不仅可以润脚、清洁双脚，而且可以促进血液循环，消除疲劳。

（3）泡脚过程中可以用磨砂石磨去脚底死皮，清洁脚趾缝中的污物，最后用温水冲干净并用干毛巾擦干双脚即可。

（4）趾甲要经常修剪，最好一周一次。

4. 头发清洁卫生

家政服务员的工作性质要求其必须保持头发清洁卫生。家政服务员每周应至少清洗头发 2 次。家政服务员不宜留长发，头发过长不但会影响工作，且不卫生；更不能披头散发，头发要梳理整齐，做饭时最好戴上帽子或头巾，这样既可以防止油烟污损头发，又可以防止头发或头屑掉到饭菜里面。

5. 女性会阴清洁卫生

阴部是女性的“特殊地带”，其健康与否对女性来说是日常生活中必须要注意的一个大问题。会阴内外环境极适合细菌的繁殖和生长，如果不能够保持清洁的外阴环境，将会导致细菌的大量繁殖，易导致各种妇科病的发生。日常会阴清洁方法与注意事项如下。

（1）备好自己的专用清洗盆和专用清洗用具、毛巾。清洗用具在使用前要洗净，毛巾使用后要晒干或在通风处晾干，最好在太阳下暴晒，有利于杀菌消毒。如果毛巾长期不见阳光，容易滋生细菌和真菌。

（2）用温水清洗即可，不主张用清洗液。有的清洗液会影响阴道的 pH 值，而且有些清洗液里面会含一些化学成分，有可能刺激皮肤或导致皮肤过敏。阴道是一个酸性的环境，而且寄生了很多对女性有好处的菌群，如果频繁使用清洁液、碱性大的肥皂或高锰酸钾等化学物质清洗阴道的话，会改变阴道正常的酸性环境，导致其天然屏障丧失保护功能。

（3）大便后用手纸由前向后揩拭干净，并最好养成用温水清洗或冲洗肛门的习惯。若不揩净，肛门口留有粪渍，污染了内裤，粪渍内含有的肠道细菌会趁机侵入阴道，引起炎症。

6. 经期注意事项

（1）经期要保持下体清洁卫生，要选用合体、卫生的卫生带、卫生裤或卫生巾。

（2）月经高潮期应每 2 ~ 3 小时换一次卫生巾或卫生纸，每天用温水擦洗下身 1 ~ 2 次。

（3）为防止细菌感染，清洗下身或洗澡时不宜采用坐浴，应采用淋浴法。

（4）经期不参加重体力劳动，不游泳，不赛跑。

（5）经期忌食生、冷、辛辣食品，以免刺激血管导致血管扩张，引起大出血。

（6）饮食要多食蔬菜、水果，以帮助消化，保持大便通畅。

（7）夏季衣着要合体，保持清爽；春、秋、冬季要注意保暖。注意天气变化，预防疾病发生。

二、家政服务员着装卫生要求

（1）依据服务地习俗并结合本人的习惯着装。着装必须整洁，不要衣不系扣或服装褶皱太多。

（2）内、外衣要经常更换、清洗，尤其是夏季衣服、袜子要每天换洗。鞋袜也要经常更换刷洗，做到清洁没有气味。

（3）节日或雇主家有客人到来时，可换上整洁、美观、鲜艳些的服装。

（4）工作时可以根据情况，准备一些辅助衣物，如围裙、套袖或者保洁人员穿的蓝大褂等，如果有护理病人、婴儿的专用服装会更加妥当。

（5）家政服务员穿着不能过于随便，要注意在雇主和宾客面前的形象。过于紧身、包裹躯体、突出自身线条的服装不能穿；过于单薄，明显透出内衣的服装不能穿；过于暴露肢体的服装，如低胸、超短裙不能穿，更不能只穿着内衣裤就在雇主家中走动；穿裙装不要在裙子下摆露出秋裤；等等。

（6）如果雇主要求在室内活动必须穿拖鞋，家政服务员要穿上袜子。待客时家政服务员也必须要穿袜子，否则光着脚或露出脚趾接待宾客是极不礼貌、极不雅观的。

三、家政服务员日常化妆卫生要求

（1）家政服务员化妆应以淡妆为主，忌浓妆艳抹。浓妆艳抹、矫揉造作、留怪异发型等装扮与日常的家务工作极不相称，只能让他人感到轻浮。

（2）家政服务员每日用手较为频繁，为了服务安全和卫生，不宜留长指甲、不宜涂抹指甲油。

（3）家政服务员发式要简单、精干、整洁干净、方便工作。下厨工作时，最好戴上工作帽，以保证食物的卫生。

（4）面部皮肤应每日清洗，擦抹护肤品等可保持面部皮肤健康红润。

（5）家政服务员要依据自己的皮肤类型选择护肤品或化妆品。

（6）在日常生活中，家政服务员的装扮要突出自然美。

3 培训课程 环境卫生常识

居家环境卫生同样关系到家庭成员的生活质量和健康状况。家政服务员在保持个人卫生、保证雇主饮食卫生的同时，要努力保持居家环境卫生。

一、家庭环境卫生

1. 家庭环境卫生总体要求

保持家庭环境卫生应做到：室内整洁通风好，卧具干净勤洗晒，灶具、食具干净，生、熟食具分开，无苍蝇、蚊子、老鼠、蟑螂等，家庭成员保持良好的卫生习惯，注意饮食卫生。

2. 杜绝环境污染的新“四害”与工业“三废”

新“四害”是指废水、废渣、废气、噪声。工业“三废”是指在工业生产过程中产生的废气、废水、废渣等。社会各界应携手杜绝新“四害”与工业“三废”产物的产生与发展。

二、居室环境卫生要求

居室环境要求拥有适宜的温度与湿度，采光良好，光照充足，通风良好，空气清洁，安静、整洁、生活方便。

1. 居室通风要求

居室要勤开窗户通风换气，每日至少 2 ~ 3 次，以保持空气流通、新鲜、清洁。空气不洁会使人感觉疲倦、头昏、心慌、胸闷、恶心等，而清洁新鲜空气有助于驱散倦意，提高工作、学习效率，防止呼吸道传染病的传播。

2. 居室温度要求

居室温度冬季宜为 16 ~ 18℃，夏季宜为 24 ~ 26℃。

3. 居室采光要求

居室要求光线充足、分布均匀，有效采光面积与室内面积的比例（采光系数）应不小于 1 : 10。

4. 居室照明要求

居室要使用安全、照度足够、光源固定、不耀眼、光谱接近日光的灯具，悬挂地点与高度要适当，并配置必要的灯罩。

5. 噪声的危害与控制

噪声会影响人的正常休息、睡眠、工作和学习，使人的听觉发生暂时性减退，时间一长就可能发生持久性的听力损失。长期处在噪声环境下，人还会出现神经衰弱病症。居民区噪声控制：白天不超过 50 分贝，夜间不超过 45 分贝。

6. 环境绿化要求

绿化是净化空气、保护环境的一项重要措施。绿植可以吸收二氧化碳、二氧化硫，释放出氧气，吸附和阻留灰尘，调节空气，降低噪声，美化环境，可使人消除紧张情绪，提高工作效率。

三、鼠及蚊虫、苍蝇等的危害与管控

1. 鼠的危害与管控

鼠能传播鼠疫、流行性出血热、钩端螺旋体病、恙虫病等。鼠还能盗窃粮食，咬坏衣物、电线，可引起停电、火灾等事故。为此，要做到见鼠就消灭。灭鼠的基本方法：鼠笼、鼠夹、药物、黏捕、堵鼠洞等。

2. 蚊虫的危害与管控

蚊虫能传播乙型脑炎、疟疾、丝虫病、登革热等。管控的主要方法：积极整治环境，清除小型积水，控制蚊虫滋生地；对成蚊可用烟熏、喷洒药物、拍打等方法杀灭；居室内可用纱门、纱窗及蚊帐防蚊。

3. 苍蝇的危害与管控

苍蝇能传播霍乱、伤寒、痢疾、肝炎等。灭蝇的基本方法：彻底整治环境，清除垃圾，控制苍蝇滋生地；药杀蝇蛆；使用捕蝇笼、黏蝇纸、药物喷洒快速灭蝇或滞留喷洒灭蝇等。

4. 蟑螂的危害与管控

蟑螂可携带寄生虫卵、肝炎病毒、伤寒杆菌等，通过污染食物传播疾病。灭蟑螂的基本方法：整治环境，喷洒药物、施放毒饵、黏捕、诱捕、消除卵荚等。

5. 虱子的危害与管控

虱子除咬人吸血致人奇痒外，还传播斑疹伤寒、回归热等疾病。灭虱的基本方法如下：

灭头虱：男性可剃光头，女性可用灭虱药物涂搽头皮、头发灭虱，或用电

吹风烫发灭虱。

灭体虱：衣服中的体虱可用开水烫煮方法灭杀。

6. 跳蚤的危害与管控

跳蚤吸血致人奇痒，并可引起皮炎，更严重的是传播鼠疫、鼠型斑疹伤寒等传染病。跳蚤防治方法：整治环境，搞好室内卫生；做好经常性的灭鼠工作；用灭蚤药物喷洒地面、墙缝和衣被；用灭蚤药液给猫、狗洗澡等。

四、垃圾分类原则

垃圾分类是指按一定规定或标准将垃圾分类储存、分类投放和分类搬运，从而将垃圾转变成公共资源的一系列活动的总称。分类的目的是提高垃圾的资源价值和经济价值，力争物尽其用。

1. 常见生活垃圾分类

常见生活垃圾分为四类：可回收物、厨余垃圾、有害垃圾、其他垃圾（见图 5–1）。

图 5–1　垃圾分类标识

（1）可回收物

可回收物（见图 5–2）主要包括废纸、塑料、玻璃、金属和织物五大类。

废纸类：主要包括报纸、期刊、图书、各种包装纸等。但是，纸巾、厕纸不是可回收垃圾。

塑料类：主要包括各种塑料袋、塑料泡沫、塑料包装、一次性塑料餐盒餐具、硬塑料、塑料牙刷、塑料杯子、矿泉水瓶等。

玻璃类：主要包括各种玻璃瓶、碎玻璃片、镜子、暖瓶等。

金属类：主要包括易拉罐、罐头盒等。

织物类：主要包括废弃衣服、桌布、洗脸巾、书包、鞋等。

图 5–2　可回收物

（2）厨余垃圾

厨余垃圾（见图 5–3）包括剩菜、剩饭、小骨头、菜根、菜叶、果皮、果核、玉米核、坚果壳等食品类废物。但是，大棒骨不是厨余垃圾，而是其他垃圾。

图 5–3　厨余垃圾

（3）有害垃圾

有害垃圾（见图 5–4）含有对人体健康有害的重金属、有毒物质或者能够对环境造成现实危害或潜在危害的废弃物，包括电池、荧光灯管、灯泡、水银温度计、油漆桶、部分家电、过期药品、过期化妆品等。

图 5–4　有害垃圾

（4）其他垃圾

其他垃圾（见图 5–5）包括除上述几类垃圾之外的砖瓦陶瓷、渣土、卫生间废纸、纸巾等难以回收的废弃物。

图 5–5 其他垃圾

2. 垃圾投放操作流程

家中或单位等地产生垃圾时，应将垃圾按本地区的要求做到分类储存或投放（见图 5–6），并注意做到以下几点。

（1）垃圾收集。收集垃圾时，应做到密闭、分类收集，防止二次污染环境，收集后应及时清理作业现场，清洁收集容器和分类垃圾桶。如为非垃圾压缩车直接收集的方式，应在垃圾收集容器中内置垃圾袋，由保洁员密闭收集。

（2）垃圾投放前注意事项。纸类应尽量叠放整齐，避免揉团；瓶罐类物品应尽可能地将容器内产品用尽，清理干净后投放；厨余垃圾应做到袋装、密闭投放。

（3）垃圾投放时注意事项。应按垃圾分类标识的提示，分别投放到指定的地点和容器中。玻璃类物品应小心轻放，以免破损。

（4）垃圾投放后注意事项。应注意盖好垃圾桶上盖，以免垃圾污染周围环境，滋生蚊蝇。

图 5–6 分类投放垃圾桶

职业模块 6
法律常识

内容结构图

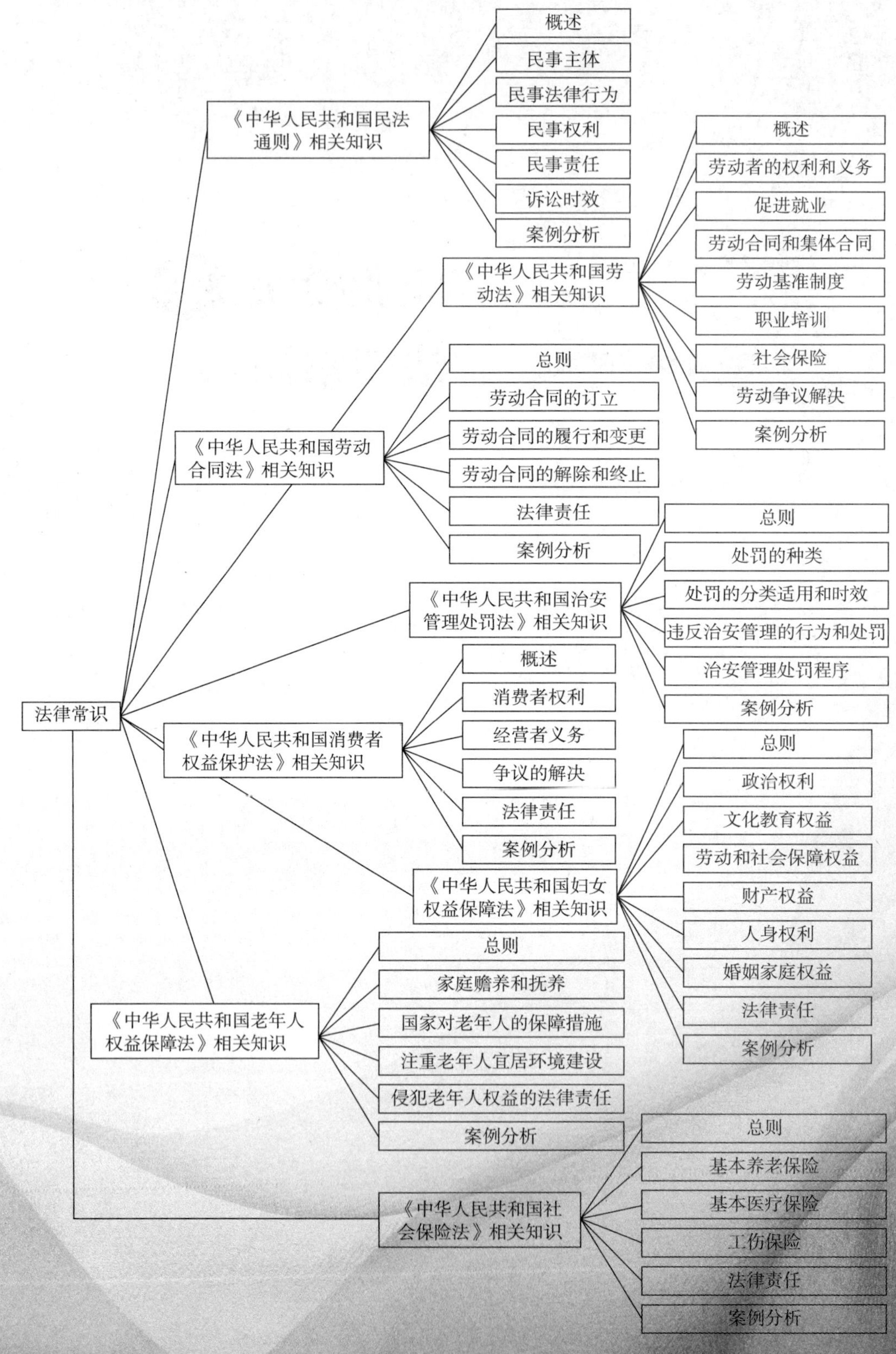

法律常识
《中华人民共和国民法通则》相关知识
概述
民事主体
民事法律行为
民事权利
民事责任
诉讼时效
案例分析
《中华人民共和国劳动法》相关知识
概述
劳动者的权利和义务
促进就业
劳动合同和集体合同
劳动基准制度
职业培训
社会保险
劳动争议解决
案例分析
《中华人民共和国劳动合同法》相关知识
总则
劳动合同的订立
劳动合同的履行和变更
劳动合同的解除和终止
法律责任
案例分析
《中华人民共和国治安管理处罚法》相关知识
总则
处罚的种类
处罚的分类适用和时效
违反治安管理的行为和处罚
治安管理处罚程序
案例分析
《中华人民共和国消费者权益保护法》相关知识
概述
消费者权利
经营者义务
争议的解决
法律责任
案例分析
《中华人民共和国妇女权益保障法》相关知识
总则
政治权利
文化教育权益
劳动和社会保障权益
财产权益
人身权利
婚姻家庭权益
法律责任
案例分析
《中华人民共和国老年人权益保障法》相关知识
总则
家庭赡养和扶养
国家对老年人的保障措施
注重老年人宜居环境建设
侵犯老年人权益的法律责任
案例分析
《中华人民共和国社会保险法》相关知识
总则
基本养老保险
基本医疗保险
工伤保险
法律责任
案例分析

培训课程 1 《中华人民共和国民法通则》相关知识

《中华人民共和国民法通则》(以下简称《民法通则》)是为维护公民、法人的合法民事权益，正确调整民事关系，适应社会主义现代化建设事业发展的需要，根据宪法和我国实际情况，在总结民事活动的实践经验基础上制定的。

一、概述

1. 概念

《民法通则》是调整平等主体的公民之间、法人之间、公民和法人之间的财产关系和人身关系。《民法通则》是典型的私法，民事关系中的当事人彼此平等，保持独立人格和意志，不存在服从、隶属关系。

2. 基本原则

《民法通则》的基本原则是具有法律效力的民事活动基本准则，是具体民事规范的立法指导，也是公民日常民事社会生活的行为准则，并指导司法审判中的法律适用。

(1) 平等原则

平等原则是指当事人具有平等主体资格和法律地位参与民事活动，任何一方不得把自己的意志强加给另一方。法律对每个民事活动当事人的基本要求和保护是平等一致的。

(2) 自愿原则

自愿原则即自治原则，指民事主体依照自己的理性判断，自主进行民事活动，不受国家权力和其他民事主体的非法干预和强制。

（3）公平原则

公平原则是指维护民事主体利益均衡、保障交易公平的原则，强调交易的有偿性、价值相当性，又称等价有偿原则。公平还包括主观公平，指行为是当事人自愿作出、意思表示没有瑕疵的。

（4）诚实信用原则

诚实信用原则是指民事活动当事人在行使权利和履行义务时，应当以诚相待，恪守承诺，追求自己的正当利益。

（5）公共秩序与善良风俗原则

公共秩序与善良风俗原则是指民事法律行为的内容及目的不得违反公共秩序或善良风俗，应当尊重社会公德，不得损害社会公共利益。

3. 常用民事法律规范

常用民事法律规范有：《中华人民共和国物权法》《中华人民共和国侵权责任法》《中华人民共和国合同法》《最高人民法院关于贯彻执行〈中华人民共和国民法通则〉若干问题的意见（试行）》《最高人民法院关于审理人身损害赔偿案件适用法律若干问题的解释》《最高人民法院关于确定民事侵权精神损害赔偿责任若干问题的解释》《最高人民法院关于审理名誉权案件若干问题的解释》《最高人民法院关于审理名誉权案件若干问题的解答》。

二、民事主体

民事主体是指有资格参加民事法律关系，独立享有权利和承担义务的人，包括自然人和法人。

1. 公民（自然人）

自然人是指具有血肉之躯的人类。具有中华人民共和国国籍的自然人是中国公民。

2. 公民的民事权利能力和民事行为能力

（1）公民的民事权利能力

公民的民事权利能力是指公民作为主体在民事活动中可以享有权利和承担义务的资格。《民法通则》第九条规定，公民从出生时起到死亡时止，具有民事权利能力。

（2）公民的民事行为能力

公民的民事行为能力是指公民能够基于自己的意思，通过自己的行为取得民事权利、承担民事义务的法律资格。按照《民法通则》第十一条至十四条的规定：自然人满十八周岁，具有完全民事行为能力，可以独立实施民事行为；十六周岁以上不满十八周岁，以自己劳动收入为主要生活来源的，视为有完全行为能力；不满十周岁的未成年人为无行为能力人，十周岁以上的未成年人为限制行为能力人，实施民事行为应当由法定代理人（监护人）代理。

三、民事法律行为

民事主体取得权利和承担义务，须通过自己的行为，但只有符合法律条件的行为，才能够发生有效的法律后果。因此，民事法律行为是指公民或法人设立、变更、终止民事权利和民事义务的合法行为。由于民事主体不可能亲自进行所有的民事行为，因此产生了代理制度，民事主体可以通过代理人实施民事法律行为。《民法通则》第四章规定了民事法律行为及代理的相关制度。

1. 民事法律行为实质要件

民事法律行为应当具备下列条件：行为人具有相应的民事行为能力，意思表示真实，不违反法律或者社会公共利益。

2. 民事法律行为形式要件

民事法律行为可以采取书面形式、口头形式或者其他形式。法律规定是特定形式的，应当依照法律规定。实践中口头形式在产生纠纷后的举证较为困难，不利于解决和救济，因此重要的民事行为，如订立合同、委托代理等应尽量采用书面形式。

3. 无效的民事行为

下列民事行为无效：无民事行为能力人实施的；限制民事行为能力人依法不能独立实施的；一方以欺诈、胁迫的手段或者乘人之危，使对方在违背真实意思的情况下所为的；恶意串通，损害国家、集体或者第三人利益的；违反法律或者社会公共利益的；以合法形式掩盖非法目的的。

4. 可变更、可撤销的民事行为

下列民事行为，一方有权请求人民法院或者仲裁机关予以变更或者撤销：

行为人对行为内容有重大误解的，显失公平的。

四、民事权利

民事权利是指民事法律上予以认可和保护的各项民事社会生活利益。《民法通则》第五章规定了我国民事权利体系，就各种民事权利的产生、变更、移转、消灭设置了具体规则，分别构成各种民事权利制度的基础内容。简述其中三类权利如下。

1. 财产所有权

财产所有权是指所有人依法对自己的财产享有占有、使用、收益和处分的权利。权利指向的对象一般为有形财产（如房屋、汽车、家电、土地等），性质上属于支配权。

2. 债权

债权是指请求相对人提供某种行为（如交货、付款、提供服务）的权利，性质上属于请求权。合同关系上的权利就是最典型的债权。债权人有权要求债务人按照合同的约定或者依照法律的规定履行义务。

3. 人身权

《民法通则》第九十八条至一百零三条规定的人身权有：生命健康权、姓名权、名称权、肖像权、名誉权、荣誉权和婚姻自主权。

五、民事责任

对侵害各种民事权利的行为进行制裁和对受害人予以救济的民事法律规制，构成民事责任制度。民事责任主要包括违约责任和侵权责任。

1. 违约责任

违约责任是指当事人一方不履行合同义务或者履行合同义务不符合约定的，依法应承担的责任。只要有违约行为就需承担违约责任，法律另有规定除外。

2. 侵权责任

侵权责任是指行为人由于过错侵害他人财产权、人身权，依法应承担的民事责任。

3. 承担民事责任的方式

承担民事责任的方式主要有：停止侵害，排除妨碍，消除危险，返还财产，恢复原状，修理、重作、更换，赔偿损失，支付违约金，消除影响、恢复名誉，赔礼道歉。以上承担民事责任的方式，可以视具体违约或侵权形式，依照法律规定或当事人约定，单独适用或合并适用。

六、诉讼时效

诉讼时效是指民事权利受到侵害的权利人在法定的时效期间内不行使权利，当时效期间届满，即丧失请求人民法院依诉讼程序强制义务人履行义务的权利的时效制度。诉讼时效期间从知道或者应当知道权利被侵害时起计算。

1. 普通诉讼时效

向人民法院请求保护民事权利的诉讼时效期间为两年，法律另有规定的除外。

2. 短期诉讼时效

下列的诉讼时效期间为一年：身体受到伤害要求赔偿的，出售质量不合格的商品未声明的，延付或者拒付租金的，寄存财物被丢失或者损毁的。

3. 最长诉讼时效

诉讼时效期间从知道或者应当知道权利被侵害时起计算。但是，从权利被侵害之日起超过二十年的，人民法院不予保护。有特殊情况的，人民法院可以延长诉讼时效期间。

4. 特别诉讼时效

法律对诉讼时效另有规定的，依照法律规定。

七、案例分析

案例 6.1

未及时续签书面劳务协议，权益受损难以得到保护

案情：

张某经家政中介公司介绍来到楚某家中做家政服务员，双方签有书面的

《雇佣协议》，约定工作至2014年1月1日为止。合同的截止日期正逢春节前夕，张某提前向楚某提出找人代替自己，楚某并无表示可否，其间张某又多次提醒楚某。眼看到1月23日，张某提出要走，楚某同意了，但以张某提前15日提出了“春节要回家”为由，拒绝支付23天的劳务费3 000元。张某只得向法院提起诉讼。庭审中楚某对张某23天的工作予以否认，而张某除了日记外无法提供任何证据证明其在2014年1月2日至23日曾在雇主家从事家政工作，最后一审法院以证据不足为由，驳回了张某的诉讼请求。

评析：

本案中，如果张某能够在合同到期的时候，与楚某继续签订一份书面劳务协议，就不必因为追讨劳务费而徒劳无功了。张某个人与雇主的劳务（雇佣）合同纠纷，是自然人与自然人之间产生的民事法律纠纷，适用《民法通则》《合同法》有关规定，纠纷解决适用民事诉讼有关法律规定，双方在举证能力上并没有太大的差距，法律对于举证责任的分配也没有特殊的规定，这种情况适用“谁主张，谁举证”的原则。作为劳务关系一方当事人的家政服务员，应注意尽量签订书面协议，细致约定各项服务内容和相关权益，平时的工作中也要增强保留证据的意识，以便发生纠纷时能拿出有力的证据来向雇主主张自己的权利。

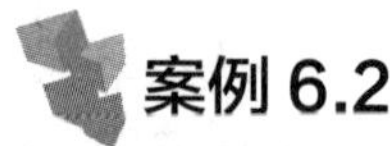

案例 6.2

15岁未成年家政服务员人身侵权案

案情：

15岁的小娜通过邻居介绍到廖姓雇主家做家政服务员。按照合同要求小娜只需负责每日三餐和一般房间打扫，但实际上工作远远超过合同规定。因为怕丢掉工作，小娜一直不敢抱怨。但雇主对小娜仍有诸多不满，稍微不如意就动手殴打、恐吓，小娜因人生地不熟只能默默忍受。后来实在忍受不了雇主的殴打，小娜偷偷借买菜机会给母亲打了电话，小娜母亲连夜赶来，看到小娜身上的累累伤痕，痛苦不已地带着小娜走进了公安局。

评析：

小娜受到伤害，小娜的父母有监护不当的责任，雇主廖某则有人身侵权行为和违法招用不满十六岁未成年人行为。《民法通则》第五条规定“公民、法人的合法的民事权益受法律保护，任何组织和个人不得侵犯”，第十一条规定“十八周岁以上的公民是成年人，具有完全民事行为能力，可以独立进行民事活动，是完全民事行为能力人。十六周岁以上未满十八周岁的公民，以自己的劳动收入为主要生活来源的，视为完全民事行为能力人”，第十六条规定“未成年人的父母是未成年人的监护人”，第九十八条规定“公民享有生命健康权”，第一百零六条规定“公民、法人由于过错侵害国家的、集体的财产，侵害他人财产、人身的，应当承担民事责任”，第一百一十九条规定“侵害公民身体造成伤害的，应当赔偿医疗费、因误工减少的收入、残废者生活补助费等费用”。《未成年人保护法》第四章第二十八条规定“任何组织和个人不得招用未满十六周岁的未成年人，国家另有规定的除外”。

本案中，小娜出来打工时只有 15 岁，属于限制行为能力人，不具有完全的民事行为能力，对自己的行为和他人给自己造成的侵害都没有足够的认识能力、承担责任能力和保护自己的能力。作为小娜的父母，有义务保护自己女儿的人身、财产不受侵害。本案中小娜如具备法律意识和自我保护意识，在第一次被打的时候就能及时报警，积极寻求法律保护，也不会持续被强迫劳动和被殴打。至于雇主廖某，如经过法医鉴定，由其造成小娜的损伤为轻微伤害，尚不构成刑事犯罪的，雇主应受到治安管理处罚，同时承担民事侵权责任；如其行为对小娜造成的伤害触犯《刑法》构成刑事犯罪的，则应承担刑事责任，同时承担民事侵权赔偿责任。由于有违法招用不满十六周岁未成年人行为，雇主还应受到人力资源和社会保障部门的处罚。

培训课程 2 《中华人民共和国劳动法》相关知识

《中华人民共和国劳动法》(以下简称《劳动法》)共计十三章一百零七条，主要内容有：促进就业、劳动合同和集体合同、工作时间和休息休假、工资、劳动安全卫生、女职工和未成年工特殊保护、职业培训、社会保险和福利、劳动争议、监督检查、法律责任。

一、概述

1. 概念

《劳动法》是调整劳动关系和与劳动关系密切相关的其他社会关系的法律规范的总称。劳动关系是指在劳动过程中，劳动者与用人单位之间所发生的关系。在我国，劳动关系具体表现为劳动者与用人单位（企业、事业单位，国家机关、社会团体、个体经济组织）之间发生的关系。与劳动关系密切联系的关系，包括：处理劳动争议而发生的关系，执行社会保险方面的关系，监督劳动法律、法规的执行方面的关系，工会组织与企业、事业单位、国家机关之间的关系，劳动管理方面发生的关系等。

2. 性质

《劳动法》属于公法和私法兼容的社会法。随着工业革命和社会化生产，从传统民事劳务关系中分离出具有社会生产性质的劳动关系，并成为社会性重大问题，各国通过制定劳动法律对劳动关系进行干预和规范。现代劳动关系既尊重当事人自由协商的权利，也通过劳动基准制度及其他强制性规范对劳动关系进行干预。

3. 劳动关系和劳务关系的区别

劳动关系是指劳动者与用人单位依法签订劳动合同所产生的法律关系，劳动关系的一方必须是用人单位，劳动合同签订后劳动者成为具有从属地位的用人单位成员。劳务关系是平等主体的公民之间、法人之间、公民与法人之间就提供一次性或特定劳务所产生的法律关系。

劳动关系和劳务关系最本质的区别：从双方的关系上看，劳动关系中的劳动者与用人单位有隶属关系，接受用人单位的管理，遵守用人单位的规章制度（如考勤、考核等），从事用人单位分配的工作和服从用人单位的人事安排，而劳务关系的双方则是平等主体之间的关系，劳动者只是按约提供劳务，用工者也只是按约支付报酬，双方不存在隶属关系，没有管理与被管理、支配与被支配的人身关系。

劳动关系与劳务关系在法律适用和争议处理方式上有差别。法律适用方面，劳动合同受劳动法律如《劳动法》《劳动合同法》的调整，劳务合同受民事法律如《民法通则》《合同法》的调整。争议处理方式方面，因劳务合同发生的争议可直接通过法院诉讼解决（如约定了民事仲裁条款也可申请仲裁），因劳动合同发生的争议必须先通过劳动争议仲裁委员会的仲裁，对裁决不服的才能到法院起诉。

二、劳动者的权利和义务

保护劳动者的基本权益是《劳动法》的立法目的之一，《劳动法》在赋予劳动者权利的同时也要求劳动者履行相应的义务。

1. 劳动者的权利

劳动者应享有平等就业和选择职业的权利、取得劳动报酬的权利、休息休假的权利、获得劳动安全卫生保护的权利、接受职业技能培训的权利、享受社会保险和福利的权利、提请劳动争议处理的权利以及法律规定的其他劳动权利。例如，劳动者有组织或参加工会的权利、参加民主管理企业的权利、与用人单位进行平等协商的权利、与企业签订集体合同的权利等。

2. 劳动者的义务

劳动者应当完成劳动任务，提高职业技能，执行劳动安全卫生规程，遵守劳动纪律和职业道德。

三、促进就业

《劳动法》对促进就业的措施、原则以及特定群体的就业作出了规定。

1. 平等就业原则

《劳动法》规定：劳动者就业，不因民族、种族、性别、宗教信仰不同而受歧视。

2. 劳动法对特定人群的就业规定

（1）妇女享有与男子平等的就业权利。在录用职工时，除国家规定的不适合妇女的工种或者岗位外，不得以性别为由拒绝录用妇女或者提高对妇女的录用标准。

（2）残疾人、少数民族人员、退出现役的军人的就业，法律法规有特别规定的，从其规定。

（3）禁止用人单位招用未满十六周岁的未成年人。

四、劳动合同和集体合同

劳动合同制度是我国基本的劳动制度，劳动合同关系是劳动法律关系最主要的形式。2007 年 6 月全国人大常委会制定了《中华人民共和国劳动合同法》，并在 2012 年 12 月根据新时期新情况作了修订。相关内容详见第 3 节《中华人民共和国劳动合同法》相关知识。

五、劳动基准制度

劳动基准制度是带有国家干预性质的对于劳动关系调整的强制性规定，是用人单位向劳动者提供劳动条件、工资报酬等必须遵守的最低标准规范，它包括工资标准、工作时间和休息休假时间标准、劳动保护标准。

1. 工资

工资分配应当遵循按劳分配原则，实行同工同酬。工资水平在经济发展的基础上应逐步提高。用人单位根据本单位的生产经营特点和经济效益，依法自主确定本单位的工资分配方式和工资水平。用人单位支付劳动者的工资不得低于当地政府规定的最低工资标准。有关具体规定包括：

（1）工资必须支付给劳动者本人。

（2）用人单位不得克扣或者无故拖欠劳动者工资。

（3）工资应当以货币形式按月支付。

（4）加班加点的加班费支付。劳动者在法定节假日、公休日工作属于加班，超过标准工作日时数工作属于加点。用人单位依法决定加班加点的，应依照《劳动法》第四十四条的规定支付加班费。

（5）劳动者在法定休假日和婚丧假期间，以及依法参加社会活动期间，用人单位应当依法支付工资。

2. 工作时间、休息休假

（1）工作时间

工作时间是指法律规定的劳动者在一昼夜和一周内从事劳动的时间，包括每日工作的小时数、每周工作的小时数。《劳动法》规定的工时制度是每日工作不超过 8 小时，每周工作不超过 44 小时。用人单位经与工会和劳动者协商可以延长工作时间，一般每日不得超过 1 小时，有特殊原因的每日不得超过 3 小时，但每月不得超过 36 小时。

（2）休息时间

一般为每周两天休息日，不能实行国家标准工时制度的企事业组织，可以根据情况统筹安排，保证劳动者每周至少休息 1 天。

（3）休假

用人单位在下列节假日期间应当依法安排劳动者休假：元旦、春节、国际劳动节、国庆节、法律法规规定的其他休假节日。国家实行带薪年休假制度。劳动者连续工作 1 年以上的，享受带薪年休假。女职工生育享受不少于 90 天的产假。另外，《劳动法》和相关的法律法规还有关于婚假、丧假和探亲假的规定。

3. 劳动安全卫生

用人单位必须建立、健全劳动安全卫生制度，严格执行国家劳动安全卫生规程和标准，对劳动者进行劳动安全卫生教育，防止劳动过程中的事故，减少职业危害。劳动者在劳动过程中必须严格遵守安全操作规程。劳动者对用人单位管理人员违章指挥、强令冒险作业，有权拒绝执行；对危害生命安全和身体健康的行为，有权提出批评、检举和控告。

4. 女职工与未成年工的特殊保护

（1）对女职工的特殊保护

女职工特殊劳动保护是指根据妇女生理特点以及抚育子女的特殊需要，在劳动方面对妇女特殊权益的法律保障。主要内容包括：根据女职工的生理特点安排就业，禁止女职工从事国家规定的第四级体力劳动强度的体力劳动及有毒有害作业；对女职工实行“四期”，即经期、孕期、产期、哺乳期保护；实行男女同工同酬，不得因女职工怀孕、生育、哺乳而降低其基本工资；等等。

（2）对未成年工的特殊保护

未成年工是指年满十六周岁未满十八周岁的劳动者。对未成年工的特殊保护包括：不得安排未成年工从事矿山井下，有毒、有害和国家规定的第四级体力劳动强度的劳动，以及其他禁忌从事的劳动；用人单位应对未成年工定期进行身体检查；对未成年工的使用和特殊保护实行登记制度。

六、职业培训

用人单位应当建立职业培训制度，按照国家规定提取和使用职业培训经费，根据本单位实际，有计划地对劳动者进行职业培训。从事技术工种的劳动者，上岗前必须经过培训。国家确定职业分类，对规定的职业制定职业技能标准，实行职业资格证书制度，由经过政府批准的考核鉴定机构负责对劳动者实施职业技能考核鉴定。

七、社会保险

国家发展社会保险事业，建立社会保险制度，设立社会保险基金，使劳动者在年老、患病、工伤、失业、生育等情况下获得帮助和补偿。用人单位和劳动者必须依法参加社会保险，缴纳社会保险费。劳动者享受社会保险待遇的条件和标准由法律、法规规定。国家鼓励用人单位根据本单位实际情况为劳动者建立补充保险。国家提倡劳动者个人参加储蓄型保险。

八、劳动争议解决

劳动争议是劳动法律关系当事人关于劳动权利和劳动义务的争议。劳动争议的解决方式有协商、调解、仲裁、诉讼等。

1. 协商

劳动争议发生后，当事人可以协商解决。协商不是处理劳动争议的必经程序，当事人不愿协商或协商不成，可以向本单位劳动争议调解委员会申请调解或向劳动仲裁委员会申请仲裁。

2. 调解

用人单位内部可以设立劳动争议调解委员会，负责调解本单位内部发生的劳动争议，调解时奉行当事人双方自愿原则，调解、协商不具有强制执行效力。调解不成，当事人一方可以向劳动争议仲裁委员会申请仲裁。当事人也可以不经过调解程序直接向劳动争议仲裁委员会申请仲裁，解决劳动争议。

3. 仲裁

县、市、市辖区一级劳动行政管理部门均设立劳动争议仲裁委员会，专门负责解决本行政区域内发生的劳动争议的仲裁与裁决。2008 年 5 月 1 日生效的由全国人民代表大会常务委员会制定的《中华人民共和国劳动争议调解仲裁法》第二十七条规定：劳动争议申请仲裁的时效期间为一年。仲裁时效期间从当事人知道或应当知道其权利被侵害之日起计算。劳动争议当事人对仲裁裁决不服的，可以在收到裁决书之日起 15 日内向人民法院提起诉讼。当事人在法定期限内不起诉又不履行仲裁裁决的，另一方当事人可以申请人民法院强制执行。

4. 诉讼

劳动争议发生后必须先经过仲裁程序仲裁，只有当事人对仲裁裁决不服或仲裁委员会不予受理的劳动争议，才能向人民法院提起诉讼。

九、案例分析

案例 6.3

辞职要求年休假工资案

案情：

2012 年 1 月，黄女士与某公司签订劳动合同。2014 年 6 月 3 日，黄女士因不满公司在用工方面的不规范，向公司提出辞职，随后申请劳动仲裁，要求公司支付 2014 年年休假工资 688.5 元。同年 8 月，仲裁委员会裁决不予支持，黄女士不服仲裁裁决向人民法院起诉。同年 11 月，人民法院一审判决某公司支付黄女士 2014 年未休年休假工资 561.10 元。

评析：

程序方面，依照《劳动法》的规定，劳动争议发生后必须先经过仲裁程序仲裁，只有当事人对仲裁裁决不服或仲裁委员会不予受理的劳动争议，才能向人民法院提起诉讼。本案黄女士首先是申请劳动仲裁，在对仲裁裁决不服的情况下，才向人民法院提起诉讼，符合劳动争议解决程序的一般要求。依照法律规定，协商和调解不是劳动争议解决的必经程序，所以黄女士可以直接申请劳动仲裁。

3 培训课程 《中华人民共和国劳动合同法》相关知识

《中华人民共和国劳动合同法》（以下简称《劳动合同法》）根据社会经济发展变化的实际情况，在 1994 年《劳动法》规定的劳动合同制度的基础上进行了较大修改和完善。《劳动合同法》共八章九十八条，本节重点介绍其中的总则、劳动合同的订立、劳动合同的履行和变更、劳动合同的解除和终止、法律责任等内容。

一、总则

1. 劳动合同的概念

劳动合同是劳动者与用人单位确立劳动关系、明确双方权益与义务的协议。劳动合同制度是我国基本的劳动制度，劳动合同关系是劳动法律关系最主要的形式。

2. 立法宗旨

完善劳动合同制度，明确劳动合同双方当事人的权利和义务，保护劳动者的合法权益，构建和发展和谐稳定的劳动关系。

3. 适用范围

中华人民共和国境内的企业、个体经济组织、民办非企业单位等组织（以下称用人单位）与劳动者建立劳动关系，订立、履行、变更、解除或者终止劳动合同，适用本法。根据法律规定，用人单位是指上述法律规定的各类组织，不包括家庭和个人。

4. 基本原则

订立劳动合同应当遵循合法、公平、平等自愿、协商一致、诚实信用的原则。依法订立的劳动合同具有约束力，用人单位与劳动者应当履行劳动合同约定的义务。

5. 用人单位的劳动规章制度

用人单位应当依照《劳动法》《劳动合同法》等法律规定的内容和程序，依法建立和完善规章制度，保障劳动者享受劳动权利和履行劳动义务。规章制度违反法律、法规规定的，由劳动行政部门给予警告，责令改正；对劳动者造成损害应承担赔偿责任。

二、劳动合同的订立

1. 劳动关系的建立

第七条规定：用人单位自用工之日起即与劳动者建立劳动关系。用人单位应当建立职工名册备查。第十六条规定：劳动合同由用人单位与劳动者协商一致，并经用人单位与劳动者在劳动合同文本上签字或者盖章生效。劳动合同文本由用人单位和劳动者各执一份。

2. 告知和说明义务

第八条规定：用人单位招用劳动者时，应当如实告知劳动者工作内容、工作条件、工作地点、职业危害、安全生产状况、劳动报酬，以及劳动者要求了解的其他情况；用人单位有权了解劳动者与劳动合同直接相关的基本情况，劳动者应当如实说明。

3. 不得扣押劳动者证件和要求提供担保

第九条规定：用人单位招用劳动者，不得扣押劳动者的居民身份证和其他证件，不得要求劳动者提供担保或者以其他名义向劳动者收取财物。

4. 劳动合同的形式——订立书面劳动合同

第十条规定：建立劳动关系，应当订立书面劳动合同。已建立劳动关系，未同时订立书面劳动合同的，应当自用工之日起一个月内订立书面劳动合同。用人单位与劳动者在用工前订立劳动合同的，劳动关系自用工之日起建立。需注意的是，没有订立书面劳动合同可能会导致劳动关系认定的举证困难。

5. 未订立书面劳动合同时劳动报酬不明确的解决

第十一条规定：此种情况下，劳动报酬按照集体合同规定的标准执行，没有集体合同或者集体合同未规定的，实行同工同酬。

6. 劳动合同内容

（1）必备条款

必备条款是指法律规定的订立劳动合同必须具备的条款。第十七条规定，劳动合同应当具备以下条款。

1）用人单位的名称、住所和法定代表人或者主要负责人。

2）劳动者的姓名、住址和居民身份证或者其他有效身份证件号码。

3）劳动合同期限。

4）工作内容和工作地点。

5）工作时间和休息休假。

6）劳动报酬。

7）社会保险。

8）劳动保护、劳动条件和职业危害防护。

9）法律、法规规定应当纳入劳动合同的其他事项。

（2）补充条款

补充条款是指订立劳动合同时，除法律规定的必备条款外，由当事人约定的其他条款。劳动合同法第十七条第二款规定：除前款规定的必备条款外，用人单位与劳动者可以约定试用期、培训、保守秘密、补充保险和福利待遇等其他事项。

7. 试用期

第十九条规定：劳动合同期限三个月以上不满一年的，试用期不得超过一个月；劳动合同期限一年以上不满三年的，试用期不得超过二个月；三年以上固定期限和无固定期限的劳动合同，试用期不得超过六个月。

第二十条规定：劳动者在试用期的工资不得低于本单位相同岗位最低档工资或者劳动合同约定工资的百分之八十，并不得低于用人单位所在地的最低工资标准。

第二十一条规定：在试用期中，除劳动者有本法第三十九条和第四十条第一项、第二项规定的情形外，用人单位不得解除劳动合同。用人单位在试用期解除劳动合同的，应当向劳动者说明理由。

8. 服务期

第二十二条规定：用人单位为劳动者提供专项培训费用，对其进行专业技术培训的，可以与该劳动者订立协议，约定服务期。劳动者违反服务期约定的，应当按照约定向用人单位支付违约金。违约金的数额不得超过用人单位提供的培训费用。用人单位要求劳动者支付的违约金不得超过服务期尚未履行部分所应分摊的培训费用。

9. 保密义务与竞业限制

第二十三条规定：用人单位与劳动者可以在劳动合同中约定保守用人单位的商业秘密和与知识产权相关的保密事项。对负有保密义务的劳动者，用人单位可以在劳动合同或者保密协议中与劳动者约定竞业限制条款，并约定在解除或者终止劳动合同后，在竞业限制期限内按月给予劳动者经济补偿。劳动者违反竞业限制约定的，应当按照约定向用人单位支付违约金。

其中，商业秘密是指不为公众所知悉、能为权利人带来经济利益、具有实用性并经权利人采取保密措施的技术信息和经营信息。竞业限制是指用人单位与劳动者约定，劳动者在劳动合同履行和终止后一定期限内，出于保密的目的，不得自营或为他人经营与本单位同类的业务。

第二十四条规定：竞业限制的人员限于用人单位的高级管理人员、高级技术人员和其他负有保密义务的人员。竞业限制的范围、地域、期限由用人单位与劳动者约定，竞业限制的约定不得违反法律、法规的规定。解除或者终止劳动合同后的竞业限制期限，不得超过二年。

10. 劳动合同的无效

第二十六至二十八条规定：劳动合同认定无效或部分无效的条件是以欺诈、胁迫的手段或者乘人之危，使对方在违背真实意思的情况下订立或者变更；用人单位免除自己的法定责任、排除劳动者权利；违反法律、行政法规强制性规定。对劳动合同的无效或者部分无效有争议的，由劳动争议仲裁机构或者人民法院确认。劳动合同部分无效，不影响其他部分效力的，其他部分仍然有效。劳动合同被确认无效，劳动者已付出劳动的，用人单位应当向劳动者支付劳动报酬。劳动报酬的数额，参照本单位相同或者相近岗位劳动者的劳动报酬确定。

三、劳动合同的履行和变更

1. 劳动合同的履行

第二十九条规定：用人单位与劳动者应当按照劳动合同的约定，全面履行各自的义务。

2. 劳动合同的变更

第三十三至三十五条规定：用人单位变更名称、法定代表人、主要负责人或者投资人等事项，不影响劳动合同的履行。用人单位发生合并或者分立等情况，原劳动合同继续有效，劳动合同由承继其权利和义务的用人单位继续履行。用人单位与劳动者协商一致，可以变更劳动合同约定的内容。变更劳动合同，应当采用书面形式。

四、劳动合同的解除和终止

劳动合同的解除有协商解除、单方解除。单方解除中又有用人单位单方解除和劳动者单方解除。劳动合同的终止有劳动合同终止的情形、劳动合同逾期终止的情形规定，以及经济补偿的相关规定。

1. 协商解除

第三十六条规定：用人单位与劳动者协商一致，可以解除劳动合同。

2. 劳动者单方解除

（1）劳动者提前通知解除

第三十七条规定：劳动者提前三十日以书面形式通知用人单位，可以解除劳动合同。劳动者在试用期内提前三日通知用人单位，可以解除劳动合同。

第九十条规定：劳动者违反本法规定解除劳动合同，给用人单位造成损失的，应当承担连带赔偿责任。

（2）劳动者随时解除

第三十八条规定：用人单位有下列情形之一的，劳动者可以解除劳动合同。

1）未按照劳动合同约定提供劳动保护或者劳动条件的。

2）未及时足额支付劳动报酬的。

3）未依法为劳动者缴纳社会保险费的。

4）用人单位的规章制度违反法律、法规的规定，损害劳动者权益的。

5）因本法第二十六条第一款规定的情形致使劳动合同无效的。

6）法律、行政法规规定劳动者可以解除劳动合同的其他情形。

用人单位以暴力、威胁或者非法限制人身自由的手段强迫劳动者劳动的，或者用人单位违章指挥、强令冒险作业危及劳动者人身安全的，劳动者可以立即解除劳动合同，不需事先告知用人单位。

3. 用人单位单方解除

（1）用人单位单方随时解除

第三十九条规定：劳动者有下列情形之一的，用人单位可以解除劳动合同。

1）在试用期间被证明不符合录用条件的。

2）严重违反用人单位的规章制度的。

3）严重失职，营私舞弊，给用人单位造成重大损害的。

4）劳动者同时与其他用人单位建立劳动关系，对完成本单位的工作任务造成严重影响，或者经用人单位提出，拒不改正的。

5）因本法第二十六条第一款第一项规定的情形致使劳动合同无效的。

6）被依法追究刑事责任的。

（2）用人单位预告解除

第四十条规定：有下列情形之一的，用人单位提前三十日以书面形式通知劳动者本人或者额外支付劳动者一个月工资后，可以解除劳动合同。

1）劳动者患病或者非因工负伤，在规定的医疗期满后不能从事原工作，也不能从事由用人单位另行安排的工作的。

2）劳动者不能胜任工作，经过培训或者调整工作岗位，仍不能胜任工作的。

3）劳动合同订立时所依据的客观情况发生重大变化，致使劳动合同无法履行，经用人单位与劳动者协商，未能就变更劳动合同内容达成协议的。

4. 用人单位不得解除劳动合同的情形

本法第四十二条规定：劳动者有下列情形之一的，用人单位不得依照本法第四十条、第四十一条（经济性裁员）的规定解除劳动合同。

（1）从事接触职业病危害作业的劳动者未进行离岗前职业健康检查，或者疑似职业病病人在诊断或者医学观察期间的。

（2）在本单位患职业病或者因工负伤并被确认丧失或者部分丧失劳动能力的。

（3）患病或者非因工负伤，在规定的医疗期内的。

（4）女职工在孕期、产期、哺乳期的。

（5）在本单位连续工作满十五年，且距法定退休年龄不足五年的。

（6）法律、行政法规规定的其他情形。

5. 劳动合同的终止

（1）劳动合同终止的一般情形

第四十四条规定：有下列情形之一的，劳动合同终止。

1）劳动合同期满的。

2）劳动者开始依法享受基本养老保险待遇的。

3）劳动者死亡，或者被人民法院宣告死亡或者宣告失踪的。

4）用人单位被依法宣告破产的。

5）用人单位被吊销营业执照、责令关闭、撤销或者用人单位决定提前解散的。

6）法律、行政法规规定的其他情形。

（2）劳动合同终止的限制——逾期终止

第四十五条规定：劳动合同期满，有本法第四十二条规定情形之一的，劳动合同应当续延至相应的情形消失时终止。但是，本法第四十二条第二项规定丧失或者部分丧失劳动能力劳动者的劳动合同的终止，按照国家有关工伤保险的规定执行。

《最高人民法院关于审理劳动争议案件适用法律若干问题的解释》第十六条规定：劳动合同期满后，劳动者仍在原用人单位工作，原用人单位未表示异议的，视为双方同意以原条件继续履行劳动合同。一方提出终止劳动关系的，人民法院应当支持。

6. 经济补偿金的适用范围

第四十六条规定：有下列情形之一的，用人单位应当向劳动者支付经济补偿。

（1）劳动者依照本法第三十八条规定解除劳动合同的。

（2）用人单位依照本法第三十六条规定向劳动者提出解除劳动合同并与劳动者协商一致解除劳动合同的。

（3）用人单位依照本法第四十条规定解除劳动合同的。

（4）用人单位依照本法第四十一条第一款规定解除劳动合同的。

（5）除用人单位维持或者提高劳动合同约定条件续订劳动合同，劳动者不同意续订的情形外，依照本法第四十四条第一项规定终止固定期限劳动合同的。

（6）依照本法第四十四条第四项、第五项规定终止劳动合同的。

（7）法律、行政法规规定的其他情形。

7. 经济补偿金的计算标准

第四十七条规定：经济补偿按劳动者在本单位工作的年限，每满一年支付一个月工资的标准向劳动者支付。六个月以上不满一年的，按一年计算；不满六个月的，向劳动者支付半个月工资的经济补偿。劳动者月工资高于用人单位所在直辖市、设区的市级人民政府公布的本地区上年度职工月平均工资三倍的，向其支付经济补偿的标准按职工月平均工资三倍的数额支付，向其支付经济补偿的年限最高不超过十二年。本条所称月工资是指劳动者在劳动合同解除或者终止前十二个月的平均工资。

8. 用人单位违法解除或终止劳动合同的法律后果

第四十八条规定：用人单位违反本法规定解除或者终止劳动合同，劳动者要求继续履行劳动合同的，用人单位应当继续履行；劳动者不要求继续履行劳动合同或者劳动合同已经不能继续履行的，用人单位应当依照本法第八十七条规定支付赔偿金。

9. 附随义务

第五十条规定：用人单位应当在解除或者终止劳动合同时出具解除或者终止劳动合同的证明，并在十五日内为劳动者办理档案和社会保险关系转移手续。劳动者应当按照双方约定，办理工作交接。用人单位依照本法有关规定应当向劳动者支付经济补偿的，在办结工作交接时支付。用人单位对已经解除或者终止的劳动合同文本，至少保存二年备查。

五、法律责任

1. 用人单位的规章制度违法的法律责任

第八十条规定：用人单位直接涉及劳动者切身利益的规章制度违反法律、

法规规定的，由劳动行政部门责令改正，给予警告；给劳动者造成损害的，应当承担赔偿责任。

2. 劳动合同未载明必备条款或未交付劳动者的责任

第八十一条规定：用人单位提供的劳动合同文本未载明本法规定的劳动合同必备条款或者用人单位未将劳动合同文本交付劳动者的，由劳动行政部门责令改正；给劳动者造成损害的，应当承担赔偿责任。

3. 未订立书面和无固定期限劳动合同的法律责任

第八十二条规定：用人单位自用工之日起超过一个月不满一年未与劳动者订立书面劳动合同的，应当向劳动者每月支付二倍的工资。用人单位违反本法规定不与劳动者订立无固定期限劳动合同的，自应当订立无固定期限劳动合同之日起向劳动者每月支付二倍的工资。

4. 违法约定试用期的法律责任

第八十三条规定：用人单位违反本法规定与劳动者约定试用期的，由劳动行政部门责令改正；违法约定的试用期已经履行的，由用人单位以劳动者试用期满月工资为标准，按已经履行的超过法定试用期的期间向劳动者支付赔偿金。

5. 扣押劳动者居民身份证等证件和收取劳动者财物的法律责任

第八十四条规定：用人单位违反本法规定，扣押劳动者居民身份证等证件的，由劳动行政部门责令限期退还劳动者本人，并依照有关法律规定给予处罚。用人单位违反本法规定，以担保或者其他名义向劳动者收取财物的，由劳动行政部门责令限期退还劳动者本人，并以每人五百元以上二千元以下的标准处以罚款；给劳动者造成损害的，应当承担赔偿责任。劳动者依法解除或者终止劳动合同，用人单位扣押劳动者档案或者其他物品的，依照前款规定处罚。

6. 未依法支付劳动报酬和经济补偿金的法律责任

第八十五条规定：用人单位有下列情形之一的，由劳动行政部门责令限期支付劳动报酬、加班费或者经济补偿；劳动报酬低于当地最低工资标准的，应当支付其差额部分；逾期不支付的，责令用人单位按应付金额百分之五十以上百分之一百以下的标准向劳动者加付赔偿金：未依照劳动合同的约定或者国家规定及时足额支付劳动者劳动报酬的；低于当地最低工资标准支付劳动者工资的，安排加班不支付加班费的；解除或者终止劳动合同，未依照本法规定向劳动者支付经济补偿的。

7. 订立无效劳动合同的法律责任

第八十六条规定：劳动合同依照本法第二十六条规定被确认无效，给对方造成损害的，有过错的一方应当承担赔偿责任。

8. 违法解除或终止劳动合同的法律责任

第八十七条规定：用人单位违反本法规定解除或者终止劳动合同的，应当依照本法第四十七条规定的经济补偿标准的二倍向劳动者支付赔偿金。

9. 侵犯劳动者人身权的法律责任

第八十八条规定：用人单位有下列情形之一的，依法给予行政处罚；构成犯罪的，依法追究刑事责任；给劳动者造成损害的，应当承担赔偿责任。

（1）以暴力、威胁或者非法限制人身自由的手段强迫劳动的。

（2）违章指挥或者强令冒险作业危及劳动者人身安全的。

（3）侮辱、体罚、殴打、非法搜查或者拘禁劳动者的。

（4）劳动条件恶劣、环境污染严重，给劳动者身心健康造成严重损害的。

10. 用人单位违反出具离职证明义务的责任

第八十九条规定：用人单位违反本法规定未向劳动者出具解除或者终止劳动合同的书面证明，由劳动行政部门责令改正；给劳动者造成损害的，应当承担赔偿责任。

11. 劳动者的赔偿责任

第九十条规定：劳动者违反本法规定解除劳动合同，或者违反劳动合同中约定的保密义务或者竞业限制，给用人单位造成损失的，应当承担赔偿责任。

12. 用人单位招用在职劳动者的连带赔偿责任

第九十一条规定：用人单位招用与其他用人单位尚未解除或者终止劳动合同的劳动者，给其他用人单位造成损失的，应当承担连带赔偿责任。

13. 不具备合法经营资格的用人单位的法律责任

第九十三条规定：对不具备合法经营资格的用人单位的违法犯罪行为，依法追究法律责任；劳动者已经付出劳动的，该单位或者其出资人应当依照本法有关规定向劳动者支付劳动报酬、经济补偿、赔偿金；给劳动者造成损害的，应当承担赔偿责任。

14. 个人承包经营者的责任

第九十四条规定：个人承包经营违反本法规定招用劳动者，给劳动者造成损害的，发包的组织与个人承包经营者承担连带赔偿责任。

15. 劳动行政部门和其他有关主管部门及其工作人员的责任

第九十五条规定：劳动行政部门和其他有关主管部门及其工作人员玩忽职守、不履行法定职责，或者违法行使职权，给劳动者或者用人单位造成损害的，应当承担赔偿责任；对直接负责的主管人员和其他直接责任人员，依法给予行政处分；构成犯罪的，依法追究刑事责任。

六、案例分析

案例 6.4

家政服务员工资被无故拖欠

案情：

艾某与北京某家政公司签订了劳动合同。2013 年 1 月 27 日，艾某被派到某雇主家里照顾老人，根据合同规定，工作到 2013 年 4 月 27 日止。合同到期以后，根据雇主家的需要，双方又延续了 3 个月期限至 7 月 27 日。几个月后艾某老家农忙——麦收季节到来了，作为家里的主要劳动力，艾某提出要回家收麦子，雇主同意了。艾某回到公司请假时，公司不情愿地批准了假期，但对未发放的工资却以种种理由拖着不给。艾某想到家中处处需要钱，而自己辛辛苦苦挣的钱却又被公司无理由拖欠，心里很是着急。在一天又一天地等待中，艾某明白了公司根本没想给她工钱。为了维护自己的合法权益，她请求律师给予帮助。

评析：

律师分析了案情，依据《劳动合同法》提出了申诉请求：

1. 要求家政公司补发 2013 年 7 月份的工资 2 200 元人民币，以及 25% 额外经济补偿金 550 元，合计：2 750 元。

2. 要求家政公司给付申诉人解除劳动关系的经济补偿金 2 200 元。

3. 要求家政公司给付农民工失业保险一次性生活补助 232.17 元。

4. 要求家政公司给付 7 个月的社会保险：7 × 2 200 × 20%=3 080（元）。该用人单位从未给职工缴纳社会保险。艾某是外埠农村户籍，根据当时北京市的规定，应该得到养老保险以及失业保险金的补偿。

艾某申请仲裁的时候，家政公司没有给付 2013 年 7 月份的工资，后来补发了 680 元，尚缺 1 520 元。艾某要求支付解除劳动关系的经济补偿金 2 200 元，是基于其实际工作超过了 6 个月，应该按照一年计算。审理结果令人满意，劳动仲裁庭采纳了律师的代理意见，裁定给付了 1 520 元工资以及 25% 额外经济补偿金。因为用人单位没有给艾某缴纳社会保险费，从而劳动仲裁庭支持了给付全部工作期间的养老保险费用的诉求，解除劳动关系的经济补偿金 2 200 元的诉求也得到了支持。

案例 6.5

王某没解除合同而跳槽

案情：

王某与某家政公司签订了 5 年的劳动合同。合同执行到第 3 年时，王某提出涨薪要求，家政公司以“乙方的要求超出合同约定及公司支付能力”为由拒绝。王某在接到拒绝通知的第二天即跳槽到另一家家政公司，获得比原来高的报酬。王某在跳槽前未向上一个家政公司提出解除劳动合同申请。

评析：

王某与家政公司签订的劳动合同为有效劳动合同。家政公司没有出现违反劳动合同的行为。《劳动合同法》中规定，用人单位与劳动者协商一致，可以解除劳动合同；劳动者提前 30 日以书面形式通知用人单位，可以解除劳动合同。王某在未与劳动合同甲方即家政公司协商一致，未提前 30 日书面通知甲方的情况下，单方终止劳动合同，属违法行为。王某应按照合同约定向甲方赔偿相应的损失。本案也提醒劳动者，当用人单位与劳动者解除劳动合同时，一定要根据相关规定，知道用人单位解除劳动合同是否合法，不要让自己的合法权益受到侵害。

4 培训课程

《中华人民共和国治安管理处罚法》相关知识

《中华人民共和国治安管理处罚法》（以下简称《治安管理处罚法》）共分六章一百一十九条，内容分别是总则、处罚的种类和适用、违反治安管理的行为和处罚、处罚程序、执法监督、附则。《治安管理处罚法》体现了国家对社会治安秩序的重视和管理力度的加强。

一、总则

1. 立法目的

维护社会治安秩序，保障公共安全，保护公民、法人和其他组织的合法权益，规范和保障公安机关及其人民警察依法履行治安管理职责。本法既是公民合法权益的保障，也是公民必须遵守的行为规范。

2. 适用范围

扰乱公共秩序，妨害公共安全，侵犯人身权利、财产权利，妨害社会管理，具有社会危害性，依照《中华人民共和国刑法》（以下简称《刑法》）的规定构成犯罪的，依法追究刑事责任；尚不够刑事处罚的，由公安机关依照本法给予治安管理处罚。即《治安管理处罚法》的适用范围是一般违法行为，《刑法》的适用范围是犯罪行为。

3. 基本原则

治安管理处罚必须以事实为依据，与违反治安管理行为的性质、情节以及社会危害程度相当。实施治安管理处罚，应当公开、公正，尊重和保障人权，保护公民的人格尊严。办理治安案件应当坚持教育与处罚相结合的原则。

4. 民事责任

违反治安管理的行为对他人造成损害的，行为人或者其监护人应当依法承担民事责任。

5. 治安调解

对于情节较轻的民间纠纷，双方愿意调解的，公安机关可以进行治安调解，不作治安处罚。第九条规定：对于因民间纠纷引起的打架斗殴或者损毁他人财物等违反治安管理行为，情节较轻的，公安机关可以调解处理；经公安机关调解，当事人达成协议的，不予处罚；经调解未达成协议或者达成协议后不履行的，公安机关应当依照本法的规定对违反治安管理行为人给予处罚，并告知当事人可以就民事争议依法向人民法院提起民事诉讼。

二、处罚的种类

1. 警告

属于申诫罚，是公安机关对违反治安管理行为人提出警戒或者谴责，申明其行为已经违法的一种处罚。警告主要适用于部分初次违反治安管理，情节轻微且后果不严重的行为人。

2. 罚款

罚款属于财产罚，是指公安机关依法对违反治安管理行为人剥夺财产权的一种处罚。一般违法行为的罚款幅度有三个层次，即二百元以下、二百元以上五百元以下、五百元以上一千元以下；对赌博、卖淫嫖娼、吸食注射毒品等行为的罚款幅度为二千元以下、三千元以下、五千元以下罚款。

3. 行政拘留

行政拘留属于人身罚，是指公安机关依法对违反治安管理行为人在短期内限制其人身自由的处罚，行政拘留既可以适用于自然人违反治安管理行为，也可以适用于单位违反治安管理行为中的直接负责人和其他直接责任人员。行政拘留的期限为一日以上十五日以下，对行政拘留规定 3 个档次：一日至五日；五日至十日；十日至十五日。对两种以上违反治安管理行为合并执行拘留的期限最长不得超过二十日。

4. 吊销公安机关发放的许可证

吊销公安机关发放的许可证属于资格罚，是指公安机关对违反治安管理行为人所采取的剥夺其从事治安管理行政许可项目经营活动的权利。

三、处罚的分类适用和时效

治安管理处罚法体现了以人为本的立法指导思想，对未成年、精神病病人、盲人或者又聋又哑人和孕妇、产妇以及哺乳期妇女予以从轻处罚规定，对四种特殊对象不执行行政拘留处罚的规定，体现了我国对特殊人群的保护以及对未成年人违反治安管理行为的教育。但醉酒人违反治安管理的，应当给予处罚。

1. 有数种违反治安管理行为的处罚

第十六条规定：有两种以上违反治安管理行为的，分别决定，合并执行。行政拘留处罚合并执行的，最长不超过二十日。

2. 减轻处罚的情节

第十九条规定：违反治安管理有下列情形之一的，减轻处罚或者不予处罚。

（1）情节特别轻微的。

（2）主动消除或者减轻违法后果，并取得被侵害人谅解的。

（3）出于他人胁迫或者诱骗的。

（4）主动投案，向公安机关如实陈述自己的违法行为的。

（5）有立功表现的。

3. 从重处罚的情节

第二十条规定：违反治安管理有下列情形之一的，从重处罚。

（1）有较严重后果的。

（2）教唆、胁迫、诱骗他人违反治安管理的。

（3）对报案人、控告人、举报人、证人打击报复的。

（4）六个月内曾受过治安管理处罚的。

4. 违反治安管理行为的追究时效

第二十二条规定：违反治安管理行为在六个月内没有被公安机关发现的，不再处罚。前款规定的期限，从违反治安管理行为发生之日起计算；违反治安管理行为有连续或者继续状态的，从行为终了之日起计算。

四、违反治安管理的行为和处罚

违反治安管理的行为主要有四大类：扰乱公共秩序的行为，妨害公共安全的行为，侵犯人身、财产权利的行为，妨害社会管理的行为。

1. 打架斗殴、寻衅滋事的行为

打架斗殴、寻衅滋事的行为是指行为人无视公民的人身权利和财产权利，无事生非，结伙殴打他人，追逐拦截他人，强拿硬要或者任意损毁、占用公私财物的行为。这种行为严重扰乱了社会公共管理秩序，侵犯了公民的人身权利和财产权利。第二十六条规定：有上述行为之一的，处五日以上十日以下拘留，可以并处五百元以下罚款；情节较重的，处十日以上十五日以下拘留，可以并处一千元以下罚款。

2. 侵犯他人人身权利的行为

侵犯他人人身权利的行为是指故意侵犯公民身体健康、人身自由、人格和名誉，尚不够刑事处罚，依照本法应当给予治安管理处罚的行为。主要有：侵犯他人人格、名誉的行为，侵犯他人通信自由的行为，侵犯他人隐私的行为，猥亵他人，虐待、遗弃家庭成员，强买强卖、强迫劳动的行为。

（1）殴打他人、故意伤害的行为

第四十三条规定：殴打他人的，或者故意伤害他人身体的，处五日以上十日以下拘留，并处二百元以上五百元以下罚款；情节较轻的，处五日以下拘留或者五百元以下罚款。有下列情形之一的，处十日以上十五日以下拘留，并处五百元以上一千元以下罚款。

1）结伙殴打、伤害他人的。

2）殴打、伤害残疾人、孕妇、不满十四周岁的人或者六十周岁以上的人的。

3）多次殴打、伤害他人或者一次殴打、伤害多人的。

需要注意的是，之前《治安管理处罚条例》规定打架斗殴导致对方构成轻微伤害的，要受到治安处罚。对于一般打架斗殴只是调解处理。但依据现行《治安管理处罚法》规定，只要有殴打行为，不论是否造成伤害后果，都要受到处罚。

（2）非法限制他人人身自由和非法侵入他人住宅的行为

第四十条规定：有下列行为之一的，处十日以上十五日以下拘留，并处五百元以上一千元以下罚款；情节较轻的，处五日以上十日以下拘留，并处二百元以上五百元以下罚款。

1）组织、胁迫、诱骗不满十六周岁的人或者残疾人进行恐怖、残忍表演的。

2）以暴力、威胁或者其他手段强迫他人劳动的。

3）非法限制他人人身自由、非法侵入他人住宅或者非法搜查他人身体的。

（3）威胁人身安全、侵犯人格尊严、侵犯个人隐私的行为

第四十二条规定：有下列行为之一的，处五日以下拘留或者五百元以下罚款；情节较重的，处五日以上十日以下拘留，可以并处五百元以下罚款。

1）写恐吓信或者以其他方法威胁他人人身安全的。

2）公然侮辱他人或者捏造事实诽谤他人的。

3）捏造事实诬告陷害他人，企图使他人受到刑事追究或者受到治安管理处罚的。

4）对证人及其近亲属进行威胁、侮辱、殴打或者打击报复的。

5）多次发送淫秽、侮辱、恐吓或者其他信息，干扰他人正常生活的。

6）偷窥、偷拍、窃听、散布他人隐私的。

（4）猥亵他人的行为

第四十四条规定：猥亵他人的，或者在公共场所故意裸露身体，情节恶劣的，处五日以上十日以下拘留；猥亵智力残疾人、精神病病人、不满 14 周岁的人或者有其他严重情节的，处十日以上十五日以下拘留。

（5）虐待家庭成员的行为

第四十五条规定：有下列行为之一的，处五日以下拘留或者警告。

1）虐待家庭成员，被虐待人要求处理的。

2）遗弃没有独立生活能力的被扶养人的。

3. 侵犯财物权利的行为

侵犯财物权利的行为是指行为人侵犯了所有人依法对自己的财产享有占有、使用、收益和处分权利的行为。主要有：行为人以非法占有为目的，通过各种手段攫取公私财物，使被害人事实上丧失对财物的所有权；行为人故意毁坏公私财物，使其价值全部或部分丧失。第四十九条规定：盗窃、诈骗、哄抢、抢夺、敲诈勒索或者故意损毁公私财物的，处五日以上十日以下拘留，可以并处

五百元以下罚款；情节较重的，处十日以上十五日以下拘留，可以并处一千元以下罚款。

4. 饲养动物伤害他人的行为

第七十五条规定：饲养动物，干扰他人正常生活的，处警告；警告后不改正的，或者放任动物恐吓他人的，处二百元以上五百元以下罚款。

五、治安管理处罚程序

1. 调查

（1）受理

公安机关对报案、控告、举报或者违反治安管理行为人主动投案，以及其他行政主管部门、司法机关移送的违反治安管理案件，应当及时受理，并进行登记。

（2）调查

公安机关受理报案、控告、举报、投案后，认为属于违反治安管理行为的，应当立即进行调查。公安机关及其人民警察对治安案件的调查，应当依法进行。严禁刑讯逼供或者采用威胁、引诱、欺骗等非法手段收集证据。以非法手段收集的证据不得作为处罚的根据。

（3）询问查证时限

对违反治安管理行为人，公安机关传唤后应当及时询问查证，询问查证的时间不得超过 8 小时；情况复杂、依照本法规定可能适用行政拘留处罚的，询问查证的时间不得超过 24 小时。公安机关应当及时将传唤的原因和处所通知被传唤人家属。

2. 决定

（1）权限

治安管理处罚由县级以上公安机关决定，其中警告、五百元以下罚款可以由派出所决定。公安机关作出治安管理处罚决定前，应当告知违反治安管理行为人作出治安管理处罚的事实、理由及依据，并告知违反治安管理行为人依法享有的权利。违反治安管理行为人有权陈述和申辩。公安机关不得因违反治安管理行为人的陈述、申辩而加重处罚。

（2）处罚决定书

公安机关作出治安管理处罚决定的，应当制作治安管理处罚决定书。违反治安管理行为事实清楚、证据确凿，处警告或者二百元以下罚款的，可以当场作出治安管理处罚决定。当场作出治安管理处罚决定的，人民警察应当向违反治安管理行为人出示工作证件，并填写处罚决定书。

（3）听证

公安机关作出吊销许可证以及处二千元以上罚款的治安管理处罚决定前，应当告知违反治安管理行为人有权要求举行听证；违反治安管理行为人要求听证的，公安机关应当及时依法举行听证。

（4）办理治安案件的期限

自受理之日起不得超过三十日；案情重大、复杂的，经上级机关批准可延长三十日。

（5）自主选择救济方式

被处罚人对治安管理处罚决定不服的，可以依法申请行政复议或者提起行政诉讼。

3. 执行

（1）行政拘留

对被决定给予行政拘留处罚的人，由作出决定的公安机关送达拘留所执行。

（2）罚款

受到罚款处罚的人应当自收到处罚决定书之日起十五日内，到指定的银行缴纳罚款。有罚款数额小、地处边远等法定特殊情形的，人民警察可以当场收缴罚款，但要出具统一制发的罚款收据，否则被处罚人有权拒绝缴纳罚款。

六、案例分析

案例 6.6

雇主对家政服务员同时具有故意伤害和强迫劳动行为的处罚

案情：

15 岁的小娜通过邻居介绍到上海廖姓雇主家做家政服务员。按照合同要求，小娜只需负责每日三餐和一般房间打扫，但实际上工作远远超过合同规定。因为怕丢掉工作，小娜一直不敢抱怨。但雇主对小娜仍有诸多不满，稍微不如意就动手殴打、恐吓，小娜在人生地不熟的上海只能默默忍受。后来实在忍受不了雇主的殴打，小娜偷偷借买菜机会给母亲打了电话，小娜母亲连夜来到上海，看到小娜身上的累累伤痕，痛苦不已地带着小娜走进了公安局。

评析：

经公安机关调查，雇主廖某的行为尚不构成刑事犯罪，属于一般违法行为，廖某应当受到治安管理处罚。根据《治安管理处罚法》第四十条和第四十三条规定，雇主廖某同时具有强迫劳动和故意伤害两种违法行为，又根据第十六条规定，有两种以上违反治安管理行为的，分别决定，合并执行。行政拘留处罚合并执行的，最长不超过二十日。另根据第八条规定，由于雇主廖某的行为对他人造成了损害，除了要受到行政处罚，还应当依法承担民事责任。本案也说明，《治安管理处罚法》是公民在日常工作生活中维护自己人身和财产权利的重要武器，本案中小娜如具备法律意识和自我保护意识，在第一次被打的时候就能及早报警寻求法律保护，她所受到的胁迫和伤害就会及时被制止。

培训课程 5 《中华人民共和国消费者权益保护法》相关知识

《中华人民共和国消费者权益保护法》（以下简称《消费者权益保护法》）主要介绍总则、消费者的权利、经营者的义务、争议的解决、法律责任等内容。

一、概述

1. 概念

《消费者权益保护法》是维护全体公民消费权益的法律规范的总称，是为了保护消费者的合法权益，维护社会经济秩序稳定，促进社会主义市场经济健康发展而制定的一部法律。

2. 适用对象

（1）消费者为生活消费需要购买、使用商品或者接受服务，其权益受本法保护；本法未作规定的，受其他有关法律、法规保护。消费者是指符合上述条件的自然人，从事消费活动的社会组织、企事业单位不属于本法意义上的“消费者”。

（2）经营者为消费者提供其生产、销售的商品或者提供服务，应当遵守本法；本法未作规定的，应当遵守其他有关法律、法规。在处理经营者与消费者的关系时，经营者首先应当遵守该法的有关规定。

（3）农民购买、使用直接用于农业生产的生产资料时，参照《消费者权益保护法》执行。

3. 基本原则

（1）自愿、平等、公平、诚实信用的原则。

（2）国家对消费者特别保护原则。本法特别设立了国家对消费者合法权益的保护一章。

（3）消费者的保护与国家的经济文化建设协调发展的原则。考虑到我国现有经济社会发展状况，本法立足于弥补赔偿的原则，赔偿直接损失。

（4）国家保护与社会监督相结合的原则。依靠社会力量，建立消费者权益保护机制，进一步发挥消费者协会等社会组织的作用。

二、消费者权利

1. 人身财产不受损害的权利

消费者在购买、使用商品和接受服务时享有人身、财产安全不受损害的权利，享有知悉其购买、使用的商品或者接受的服务的真实情况的权利。

2. 自主选择权

消费者享有自主选择商品或者服务的权利。消费者有权自主选择提供商品或者服务的经营者，自主选择商品品种或者服务方式，自主决定购买或者不购买任何一种商品、接受或者不接受任何一项服务。

3. 享有公平交易的权利

消费者在购买商品或者接受服务时，有权获得质量保障、价格合理、计量正确等公平交易条件，有权拒绝经营者的强制交易行为。

三、经营者义务

1. 不得强制交易

经营者向消费者提供商品或者服务，应当依照本法和其他有关法律、法规的规定履行义务。经营者和消费者有约定的，应当按照约定履行义务，但双方的约定不得违背法律、法规的规定。经营者向消费者提供商品或者服务，应当恪守社会公德，诚信经营，保障消费者的合法权益；不得设定不公平、不合理的交易条件，不得强制交易。

2. 听取意见、接受监督

经营者应当听取消费者对其提供的商品或者服务的意见，接受消费者的监督。

3. 不得侵犯消费者的人身自由和知情权

经营者不得对消费者进行侮辱、诽谤，不得搜查消费者的身体及其携带的物品，不得侵犯消费者的人身自由。采用网络、电视、电话、邮购等方式提供商品或者服务的经营者，以及提供证券、保险、银行等金融服务的经营者，应当向消费者提供经营地址、联系方式、商品或者服务的数量和质量、价款或者费用、履行期限和方式、安全注意事项和风险警示、售后服务、民事责任等信息。

4. 七日反悔权

经营者采用网络、电视、电话、邮购等方式销售商品，消费者有权自收到商品之日起七日内退货，且无须说明理由，但下列商品除外：消费者定做的，鲜活易腐的，在线下载或者消费者拆封的音像制品、计算机软件等数字化商品，交付的报纸、期刊。其他根据商品性质并经消费者在购买时确认不宜退货的商品，不适用无理由退货。

5. 不得泄露消费者的个人信息

经营者收集、使用消费者个人信息，应当遵循合法、正当、必要的原则，明示收集、使用信息的目的、方式和范围，并经消费者同意。经营者收集、使用消费者个人信息，应当公开其收集、使用规则，不得违反法律、法规的规定和双方的约定收集、使用信息。经营者及其工作人员对收集的消费者个人信息必须严格保密，不得泄露、出售或者非法向他人提供。经营者应当采取技术措施和其他必要措施，确保信息安全，防止消费者个人信息泄露、丢失。在发生或者可能发生信息泄露、丢失的情况时，应当立即采取补救措施。

四、争议的解决

消费者和经营者发生消费者权益争议的，可以通过下列途径解决。

（1）与经营者协商和解。

（2）请求消费者协会或者依法成立的其他调解组织调解。

（3）向有关行政部门投诉。

（4）根据与经营者达成的仲裁协议提请仲裁机构仲裁。

（5）向人民法院提起诉讼。

（6）消费者协会的公益诉讼。

五、法律责任

《消费者权益保护法》第七章对侵害消费者合法权益的行为区分不同情况，规定经营者应分别或者同时承担民事责任、行政责任和刑事责任。

1. 经营者提供商品或服务的民事责任

（1）承担民事责任的情形

商品存在缺陷的；不具备商品应当具备的使用性能而出售时未作说明的；不符合在商品或者其包装上注明采用的商品标准的；不符合商品说明、实物样品等方式表明的质量状况的；生产国家明令淘汰的商品或者销售失效、变质的商品的；销售的商品数量不足的；服务的内容和费用违反约定的；对消费者提出的修理、重作、更换、退货、补足商品数量、退还货款和服务费用或者赔偿损失的要求，故意拖延或者无理拒绝的；法律、法规规定的其他损害消费者权益的情形。“三包”的大件商品，消费者要求经营者修理、更换、退货的，经营者应当承担运输等合理费用。经营者以邮购方式提供商品的，应当按照约定提供。未按照约定提供的，应当按照消费者的要求履行约定或者退回货款；并应当承担消费者必须支付的合理费用。经营者以预收款方式提供商品或服务的，应当按照约定提供。未按照约定提供的，应依照消费者的要求履行约定或者退回预付款，并应当承担预付款的利息、消费者必须支付的合理费用。消费者购买的商品，依法经有关行政部门认定为不合格的，消费者可以要求退货，经营者应当负责退货，而不得无理拒绝。

（2）赔偿范围

1）人身伤害的民事责任。经营者提供商品或服务，造成消费者或其他人受伤、残疾、死亡的，应承担下列责任：造成消费者或者其他受害人人身伤害的，应当支付医疗费、治疗期间的护理费、因误工减少的收入等费用；造成残疾的，除上述费用外，还应支付残疾者生活自助具费、生活补助费、残疾赔偿金以及由其抚养的人所必需的生活费等费用；造成消费者或其他受害人死亡的，应当支付丧葬费、死亡赔偿金以及由死者生前抚养的人所必需的生活费用。

2）侵犯消费者人格尊严、人身自由的民事责任。第十四条规定：消费者享有人格尊严。第二十七条规定：经营者不得对消费者进行侮辱、诽谤，不得侵犯消费者的人身自由。违反上述规定的，经营者应当停止侵害、恢复名誉、消除影响、赔礼道歉，并赔偿损失。

3）财产损害的民事责任。经营者提供商品或者服务，造成消费者财产损害的，应当以修理、重作、更换、退货、补足商品数量、退还货款和服务费用或者赔偿损失等方式承担民事责任。同时，《消费者权益保护法》承认并尊重消费者与经营者的自由订约权，双方对财产损害的补偿有约定的，可按照约定履行。

2. 经营者提供商品或服务的行政责任

（1）处罚依据

第五十六条列举的情形，若相关法律、法规（如《产品质量法》《食品卫生法》《广告法》《价格法》等）对处罚机关和处罚方式有规定的，应依照其规定执行；若法律、法规没有规定的，由工商行政管理部门或者其他有关行政部门进行处罚。

（2）处罚方式

对九种违法情形的处罚方式：责令改正，警告，没收违法所得，罚款；对情节严重者责令停业整顿，吊销营业执照。

（3）行政复议

《消费者权益保护法》为防止行政机关滥用权力作出对经营者不公的处罚，规定了经营者的申请行政复议权，即经营者对行政处罚不服的，可自收到处罚决定之日起十五日内向上一级机关申请复议，对复议决定仍不服的，可以向人民法院提起诉讼。

3. 经营者提供商品或服务的刑事责任

应根据情节依法追究刑事责任的行为：经营者提供商品或者服务，造成消费者或其他受害人受伤、残疾、死亡的；以暴力、威胁等方法阻碍有关行政部门工作人员依法执行职务的；国家机关工作人员玩忽职守或者包庇经营者侵害消费者合法权益的。

六、案例分析

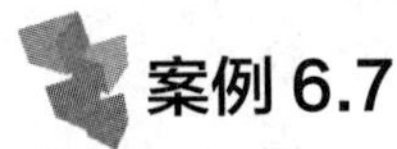

案例 6.7

消费者享有 7 日“后悔权”

案情：

张小姐在某网站购买数盒保健品，第二天收到货品后送往母亲家，发现自己的姐姐也为母亲购买了同品牌的保健品数盒，张小姐联系网店店主退货，店主却拒绝了张小姐：“我们不是七日无条件退换货的店，在小店购物不退不换。”

评析：

《消费者权益保护法》第二十五条第一款规定：经营者采用网络、电视、电话、邮购等方式销售商品，消费者有权自收到商品之日起七日内退货，且无须说明理由。根据法律，所有网上销售店铺均应执行该规定。网店的做法不符合法律规定，网店有义务为张小姐办理退货。但消费者需注意的是，第二十五条规定以下四类商品不适用七日后悔权：一是消费者定作的；二是鲜活易腐的；三是在线下载或者消费者拆封的音像制品、计算机软件等数字化商品；四是交付的报纸、期刊，以及其他根据商品性质并经消费者在购买时确认不宜退货的商品。另外，消费者退货的商品应当完好。经营者应当自收到退回商品之日起七日内返还消费者支付的商品价款。退回商品的运费由消费者承担，经营者和消费者另有约定的，按照约定。

培训课程 6 《中华人民共和国妇女权益保障法》相关知识

《中华人民共和国妇女权益保障法》（以下简称《妇女权益保障法》）包括总则、政治权利、文化教育权益、劳动和社会保障权益、财产权益、人身权利、婚姻家庭权益、法律责任、附则。

一、总则

1. 立法目的

《妇女权益保障法》是为了保障妇女的合法权益，促进男女平等，充分发挥妇女在社会主义现代化建设中的作用，根据宪法和我国的实际情况而制定的。

法律上的妇女是指所有女性，包括刚刚出生的女婴直到老年女性。

2. 实行男女平等是国家的基本国策

基本国策是国家为解决带有普遍性、全局性、长远性问题而确定的总政策，在整个政策体系中，处于最高层次，规范和引导各项政策的制定和实施。第二条规定：妇女在政治的、经济的、文化的、社会的和家庭的生活等各方面享有同男子平等的权利。实行男女平等是国家的基本国策。国家采取必要措施，逐步完善保障妇女权益的各项制度，消除对妇女一切形式的歧视。

3. 国家保护妇女依法享有的特殊权益

具体而言，妇女不仅在政治、文化教育、劳动、财产、人身、婚姻家庭等各方面有与男子平等的权利，而且在某些方面还享有自己特殊的权益。这些特殊的权益在劳动保障方面主要体现在以下几个方面。

（1）安全和健康保障的权利

单位安排给妇女的工作要适合妇女的特点，保障妇女的安全和健康。第二十六条第一款规定：任何单位均应根据妇女的特点，依法保护妇女在工作和劳动时的安全和健康，不得安排不适合妇女从事的工作和劳动。

（2）受特殊保护的权利

第二十六条第二款规定：妇女在经期、孕期、产期、哺乳期，即“四期”受特殊保护。

（3）不因某些特殊事由被辞退和单方解除劳动合同

第二十七条第一款规定：任何单位不得因结婚、怀孕、产假、哺乳等情形，降低女职工的工资，辞退女职工，单方解除劳动（聘用）合同或者服务协议。

4. 明确执法主体，强化政府的主导地位

从各级人民政府、人民政府负责妇女儿童工作的机构、人民政府有关部门三个层面，明确执法主体，强化政府责任。第六条、第七条都作出了明确规定：各级人民政府应当重视和加强妇女权益的保障工作。县级以上人民政府负责妇女儿童工作的机构，负责组织、协调、指导、督促有关部门做好妇女权益的保障工作。县级以上人民政府有关部门在各自的职责范围内做好妇女权益的保障工作。

5. 强化妇女组织和妇女的维权手段

中华全国妇女联合会和地方各级妇女联合会，依照法律和中华全国妇女联合会章程，代表和维护各族各界妇女的利益，做好维护妇女权益的工作。工会、共青团，应当在各自的工作范围内，做好维护妇女权益的工作。第五十四条规定：妇女组织对于受害妇女进行诉讼需要帮助的，应当给予支持。妇女联合会或者相关妇女组织对侵害特定妇女群众利益的行为，可以通过大众传媒揭露、批评，并有权要求有关部门依法查处。第十条规定：制定法律、法规、规章和公共政策，对涉及妇女权益的重大问题，应当听取妇女联合会的意见。妇女和妇女组织有权向各级国家机关提出妇女权益保障方面的意见和建议。

二、政治权利

《妇女权益保障法》规定：妇女享有与男子平等的选举权和被选举权；享有

培养和选举女干部权，并应有适当数量的妇女担任领导成员；享有参与社会管理权，全国妇联和地方各级妇联代表妇女积极参与国家和社会事务的民主决策、民主管理和民主监督，对于有关保障妇女权益的批评或者合理建议，有关部门应当听取和采纳；享有申诉、控告和检举权，对于有关侵害妇女权益的申诉、控告和检举，有关部门必须查清事实，负责处理，任何组织或者个人不得压制或者打击报复。

三、文化教育权益

1. 与男子平等的文化教育权。

2. 保障女性青少年身心健康发展权。

3. 义务教育权。

4. 接受职业教育和实用技术培训权

各级人民政府应当依照规定把扫除妇女中的文盲、半文盲工作，纳入扫盲和扫盲后继续教育规划，采取符合妇女特点的组织形式和工作方法，组织、监督有关部门具体实施。各级人民政府和有关部门应当采取措施，根据城镇和农村妇女的需要，组织妇女接受职业教育和实用技术培训。

5. 与男子平等从事文化活动权

国家机关、社会团体和企业事业单位应当执行国家有关规定，保障妇女从事科学、技术、文学、艺术和其他文化活动，享有与男子平等的权利。

四、劳动和社会保障权益

《妇女权益保障法》重点围绕防止就业中的性别歧视和女职工保健，对劳动合同进行了新规范。

1. 经期、孕期、产期、哺乳期受特殊保护权

国家保障妇女享有与男子平等的劳动权利和社会保障权利。任何单位均应根据妇女的特点，依法保护妇女在工作和劳动时的安全和健康，不得安排不适合妇女从事的工作和劳动。妇女在经期、孕期、产期、哺乳期受特殊保护。

2. 就业、薪资、退休的保护

任何单位不得因结婚、怀孕、产假、哺乳等情形，降低女职工的工资，辞退女职工，单方解除劳动（聘用）合同或者服务协议。但是，女职工要求终止劳动（聘用）合同或者服务协议的除外。各单位在执行国家退休制度时，不得以性别为由歧视妇女。

3. 生育保险、生育救助

国家执行生育保险制度，建立健全与生育相关的其他保障制度。地方各级人民政府和有关部门应当按照有关规定为贫困妇女提供必要的生育救助。

五、财产权益

1. 与男子平等的土地收益权

国家保障妇女享有与男子平等的财产权利。妇女在农村土地承包经营、集体经济组织收益分配、土地征收或者征用补偿费使用以及宅基地使用等方面，享有与男子平等的权利。

2. 与男子平等的现有集体经济组织各项权益

任何组织和个人不得以妇女未婚、结婚、离婚、丧偶等为由，侵害妇女在农村集体经济组织中的各项权益。因结婚男方到女方住所落户的，男方和子女享有与所在地农村集体经济组织成员平等的权益。

六、人身权利

1. 人身权利

国家保障妇女享有与男子平等的人身权利。妇女的人身自由不受侵犯。禁止非法拘禁和以其他非法手段剥夺或者限制妇女的人身自由；禁止非法搜查妇女的身体。

2. 健康权

妇女的生命健康权不受侵犯。禁止溺、弃、残害女婴，禁止歧视、虐待生育女婴的妇女和不育的妇女，禁止用迷信、暴力等手段残害妇女，禁止虐待、遗弃病、残妇女和老年妇女。

3. 名誉权、荣誉权、隐私权、肖像权

妇女的名誉权、荣誉权、隐私权、肖像权等人格权受法律保护。禁止用侮辱、诽谤等方式损害妇女的人格尊严；禁止通过大众传播媒介或者其他方式贬低损害妇女人格；未经本人同意，不得以营利为目的，通过广告、商标、展览橱窗、报纸、期刊、图书、音像制品、电子出版物、网络等形式使用妇女肖像。

七、婚姻家庭权益

1. 国家保障妇女享有与男子平等的婚姻家庭权利。
2. 国家保障妇女在怀孕、分娩期间的婚姻权。
3. 妇女享有夫妻共同财产权。

八、法律责任

1. 妇女合法权益受到侵害的救济方式

（1）要求有关部门处理。

（2）要求司法救济

包括依法向仲裁机构申请仲裁，或者向人民法院起诉。

（3）向妇女组织投诉

妇女的合法权益受到侵害的，可以向妇女组织投诉，妇女组织应当维护被侵害妇女的合法权益，有权要求并协助有关部门或者单位查处。妇女组织对于受害妇女进行诉讼需要帮助的，应当给予支持。妇女联合会或者相关妇女组织对侵害特定妇女群体利益的行为，可以通过大众传播媒介揭露、批评，并有权要求有关部门依法查处。

例如，对侵害妇女文化和教育权益的，受害妇女可以向教育部门投诉，要求处理；对侵害妇女劳动和社会保障权益的，受害人可以要求人力资源和社会保障部门予以处理；对于侵害妇女人身权利的，受害人可以要求公安机关依法予以处理；等等。

2. 侵害妇女合法权益的情形、法律责任、执法机构

（1）违反本法规定，以妇女未婚、结婚、离婚、丧偶等为由，侵害妇女在农村集体经济组织中的各项权益的，或者因结婚男方到女方住所落户，侵害男方和子女享有与所在地农村集体经济组织成员平等权益的，由乡镇人民政府依法调解；受害人也可以依法向农村土地承包仲裁机构申请仲裁，或者向人民法院起诉，人民法院应当依法受理。

（2）违反本法规定，侵害妇女的合法权益，其他法律、法规规定行政处罚的，从其规定；造成财产损失或者其他损害的，依法承担民事责任；构成犯罪的，依法追究刑事责任。

（3）违反本法规定，侵害妇女文化教育权益、劳动和社会保障权益、人身和财产权益以及婚姻家庭权益的，由其所在单位、主管部门或者上级机关责令改正，直接负责的主管人员和其他直接责任人员属于国家工作人员的，由其所在单位或者上级机关依法给予行政处分。

（4）违反本法规定，对妇女实施性骚扰或者家庭暴力，构成违反治安管理行为的，受害人可以提请公安机关对违法行为人依法给予行政处罚，也可以依法向人民法院提起民事诉讼。

（5）违反本法规定，通过大众传播媒介或者其他方式贬低损害妇女人格的，由文化、广播电影电视、新闻出版或者其他有关部门依据各自的职权责令改正，并依法给予行政处罚。

九、案例分析

案例 6.8

妻子遭家庭暴力积极寻求救济

案情：

北京市丰台区卢沟桥一对夫妻，丈夫向妻子动起拳头。这位妻子找到当地妇联验伤，向公安机关报了案，并决定离婚。律师帮她起诉到法院时，丈夫坚决反对，因为他感到妻子和孩子是他生活的依赖。妻子考虑到孩子，答应暂不离婚，让丈夫当着双方单位、法官、妇联的面写保证书：如果再打老婆就同意离婚。这系列行为和保证书起了作用，后来丈夫不再打妻子了。

评析：

妻子全面使用了维权的救济途径，向妇联、男方单位、公安机关和法院都寻求了帮助，制止了伤害的进一步发展和重演。这说明妇女一方面要有法律知识，另一方面要积极主动采取措施维权，只有让施暴者懂得要为施暴付出代价，他们才会对自己行为有所收敛。另外，积极向相关部门求救，一方面可以制止暴力行为，另一方面也为今后的仲裁或诉讼积累了证据。

培训课程 7 《中华人民共和国老年人权益保障法》相关知识

《中华人民共和国老年人权益保障法》（以下简称《老年人权益保障法》）分为总则、家庭赡养与扶养、社会保障、社会服务、社会优待、宜居环境、参与社会发展、法律责任、附则共九章八十五条。

一、总则

1. 立法目的

第一条规定：为了保障老年人合法权益，发展老龄事业，弘扬中华民族敬老、养老、助老的美德，根据宪法，制定本法。第二条规定：本法所称老年人是指六十周岁以上的公民。

2. 老年人依法享有的权益的一般规定

第三条规定：老年人有从国家和社会获得物质帮助的权利，有享受社会服务和社会优待的权利，有参与社会发展和共享发展成果的权利。禁止歧视、侮辱、虐待或者遗弃老年人。

3. 积极应对人口老龄化是国家长期战略任务

第四条规定：国家和社会应当采取措施，健全保障老年人权益的各项制度，逐步改善保障老年人生活、健康、安全以及参与社会发展的条件，实现老有所养、老有所医、老有所为、老有所学、老有所乐。

二、家庭赡养和抚养

1. 家庭赡养

老年人养老以居家为基础，家庭成员应当尊重、关心和照料老年人。赡养人应当履行对老年人经济上供养、生活上照料和精神上慰藉的义务，照顾老年人的特殊需要。赡养人是老年人的子女及其他依法负有赡养义务的人。赡养人的配偶应当协助赡养人履行赡养义务。

完整的赡养义务包括经济供养、生活照料和精神慰藉三个方面。

（1）经济供养

经济供养不仅应当确保老年人维持基本生存，而且应当使老年人提升生活质量。

（2）生活照料

生活照料不仅包括日常生活照料，还应包括患病及失能老年人医疗护理、康复等方面的特殊照料。

（3）精神慰藉

精神慰藉指满足老年人精神、情感、心理方面的需求，它可以独立存在，也可以渗透于经济供养和生活照料中。

2. 婚姻自由

老年人的婚姻自由受法律保护。子女或者其他亲属不得干涉老年人离婚、再婚及婚后的生活。赡养人的赡养义务不因老年人的婚姻关系变化而消除。

3. 老年人财产

老年人对个人的财产，依法享有占有、使用、收益和处分的权利，子女或者其他亲属不得干涉，不得以窃取、骗取、强行索取等方式侵犯老年人的财产权益。老年人有依法继承父母、配偶、子女或者其他亲属遗产的权利，有接受赠予的权利。子女或者其他亲属不得侵占、抢夺、转移、隐匿或者损毁应当由老年人继承或者接受赠予的财产。

4. 老年人抚养

扶养是平辈、同辈之间的事情，发生在配偶（夫妻）、兄姐与弟妹之间。一是老年人与配偶间有相互扶养的义务。二是兄姐与弟妹之间的扶养关系。由兄、姐扶养的弟、妹成年后，有负担能力的，对年老无赡养人的兄、姐有扶养的义务。赡养人、扶养人不履行赡养、扶养义务的，基层群众性自治组织、老年人组织或者赡养人所在单位应当督促其履行。

三、国家对老年人的保障措施

1. 社会保障

国家通过基本养老保险制度、医疗保险制度对经济困难老年人的救助、住房、高龄津贴、养老金等方面进行生活保障。

2. 社会服务

国家明确了政府支持养老服务事业发展的责任，确立了社会养老服务体系的框架，即“以居家为基础、社区为依托、机构为支撑”，并在《中华人民共和国国民经济和社会发展第十二个五年规划纲要》《社会养老服务体系建设规划（2011—2015 年）》等国家重要文件中确认下来。

3. 社会优待

社会优待主要由政务服务优待、维权服务优待、医疗服务优待、生活服务优待、农村筹劳优待等组成。

四、注重老年人宜居环境建设

1. 环境建设

国家采取措施，推进宜居环境建设，为老年人提供安全、便利和舒适的环境。

2. 社区建设

国家推动老年宜居社区建设，引导、支持老年宜居住宅的开发，推动和扶持老年人家庭无障碍设施的改造，为老年人创造无障碍居住环境。

五、侵犯老年人权益的法律责任

1. 自然人侵犯老年人权益的法律责任

干涉老年人婚姻自由，对老年人负有赡养义务、扶养义务而拒绝赡养、扶养，虐待老年人或者对老年人实施家庭暴力的，由有关单位给予批评教育；构成违反治安管理行为的，依法给予治安管理处罚；构成犯罪的，依法追究刑事责任。

侮辱、诽谤老年人，构成违反治安管理行为的，依法给予治安管理处罚；构成犯罪的，依法追究刑事责任。

2. 机构侵犯老年人权益的法律责任

养老机构及其工作人员侵害老年人人身和财产权益，或者未按照约定提供服务的，依法承担民事责任；有关主管部门依法给予行政处罚；构成犯罪的，依法追究刑事责任。

六、案例分析

案例 6.9

家政服务员虐待老人案

案情：

某都市报记者在公园看到这样一幕：一位 40 多岁的女家政服务员，推着一辆轮椅，上面坐着一位满头白发、痴呆的老婆婆。老人的手刚伸出来不知道要摸哪里，立即听到家政服务员的骂声："叫你不要摸就是不听，老傻子！"话未停，一巴掌已经打到老婆婆脸上，毫无还手之力的老人不敢再动。记者上前质问，家政服务员还理直气壮地称："你管不着！"记者当即拍下照片并发到了网上，留言说："如果你是受虐待老人的亲人，请赶快报警，此老人可能长期受此保姆打骂、虐待。"

评析：

老年人有从国家和社会获得物质帮助的权利，有享受社会发展成果的权利。

老年人身体机能下降，生活需要照料，社会应当给予他们尊重和法律上的保护，禁止歧视、侮辱、虐待或者遗弃老年人。本案家政服务员的行为严重违反了法律规定，依照《老年人权益保障法》及其他相关法律的规定，以暴力或者其他方法公然侮辱老年人、捏造事实诽谤老年人或者虐待老年人，情节较轻的，依照治安管理处罚条例的有关规定处罚；构成犯罪的，依法追究刑事责任。

培训课程 8 《中华人民共和国社会保险法》相关知识

《中华人民共和国社会保险法》(以下简称《社会保险法》) 是我国人力资源社会保障法制建设中的基础性法律，对于建立覆盖城乡居民的社会保障体系，维护公民参加社会保险和享受社会保险待遇的合法权益，使公民共享发展成果，促进社会主义和谐社会建设，具有十分重要的意义。

一、总则

1. 立法目的

第一条规定：为了规范社会保险关系，维护公民参加社会保险和享受社会保险待遇的合法权益，使公民共享发展成果，促进社会和谐稳定，根据宪法，制定本法。《宪法》第四十五条和第十四条规定：公民在年老、疾病或者丧失劳动能力的情况下，有从国家和社会获得物质帮助的权利；国家建立健全同经济发展水平相适应的社会保障制度。

2. 社会保险制度

国家建立基本养老保险、基本医疗保险、工伤保险、失业保险、生育保险等社会保险制度，保障公民在年老、疾病、工伤、失业、生育等情况下依法从国家和社会获得物质帮助的权利。社会保险制度坚持广覆盖、保基本、多层次、可持续的方针，社会保险水平应当与经济社会发展水平相适应。

3. 权利和义务

中华人民共和国境内的用人单位和个人依法缴纳社会保险费，有权查询缴费记录、个人权益记录，要求社会保险经办机构提供社会保险咨询等相关服务。个人依法享受社会保险待遇，有权监督本单位为其缴费情况。

二、基本养老保险

1. 覆盖范围

（1）企业职工

职工基本养老保险由国家、企业和个人共同负担筹集资金，采取社会统筹和个人账户相结合的基本模式。

（2）灵活就业人员

灵活就业人员是指以非全日制、临时性、季节性、弹性工作等灵活多样的形式实现就业的人员。灵活就业人员可以自愿参加职工基本养老保险，保险费也由个人全部承担。

（3）事业单位职工

事业单位有管理类、公益类、经营类等类型，事业单位工作人员实行退休养老制度，费用由国家或者单位负担，个人不缴费，养老金标准以本人工资为基数，按照工龄长短计发。

（4）公务员和参照《公务员法》管理的工作人员

目前，我国公务员和参照《公务员法》管理的工作人员实行退休养老，费用由国家负担，个人不缴费，养老金标准以个人工资为基数，按工龄长短计发。

2. 账户管理

基本养老保险实行社会统筹与个人账户相结合。基本养老保险基金由用人单位和个人缴费以及政府补贴等组成。

3. 享受基本养老保险待遇条件

参加基本养老保险的个人，达到法定退休年龄时累计缴费满十五年的，按月领取基本养老金。参加基本养老保险的个人，达到法定退休年龄时累计缴费不足十五年的，可以缴费至满十五年，按月领取基本养老金，也可以转入新型农村社会养老保险或者城镇居民社会养老保险，按照国务院规定享受相应的养老保险待遇。

4. 保险种类

（1）职工基本养老保险

职工应当参加基本养老保险，由用人单位和职工共同缴纳基本养老保险费。基本养老保险基金由用人单位和个人缴费以及政府补贴等组成。用人单位应当按照国家规定的本单位职工工资总额的比例缴纳基本养老保险费，记入基本养老保险统筹基金。职工应当按照国家规定的本人工资的比例缴纳基本养老保险费，记入个人账户。

（2）新型农村社会养老保险

新型农村社会养老保险是指在基本模式上实行社会统筹与个人账户相结合，在筹资方式上实行个人缴费、集体补助、政府补贴相结合的社会养老保险制度。新型农村社会养老保险待遇由基础养老金和个人账户养老金组成。参加新型农村社会养老保险的农村居民，符合国家规定条件的，按月领取新型农村社会养老保险待遇。

（3）城镇居民社会养老保险

国家建立和完善城镇居民社会养老保险制度。省、自治区、直辖市人民政府根据实际情况，可以将城镇居民社会养老保险和新型农村社会养老保险合并实施。城镇居民社会养老保险是城镇非就业居民参加的一项社会养老保险制度。在制度模式上也实行个人账户与基础养老金相结合，筹资方式实行个人缴费、集体补助与政府补贴相结合。

三、基本医疗保险

1. 职工基本医疗保险

由用人单位和职工按照国家规定共同缴纳基本医疗保险费。城镇所有用人单位及其职工都要参加基本医疗保险。无雇工的个体工商户、未在用人单位参加职工基本医疗保险的非全日制从业人员以及其他灵活就业人员可以参加职工基本医疗保险，由个人按照国家规定缴纳基本医疗保险费。根据自愿原则，可以参加职工基本医疗保险的，由其个人缴纳基本医疗保险费。

2. 新型农村合作医疗制度

国家建立和完善新型农村合作医疗制度。新型农村合作医疗的管理办法，由国务院规定。新型农村合作医疗制度是指由政府组织、引导、支持，农民自愿参加，个人、集体和政府多方筹资，以大病统筹为主的农民医疗互助共济制度。农民以家庭为单位自愿参加新型农村合作医疗，按时足额缴纳合作医疗经费。

3. 城镇居民基本医疗保险

国家建立和完善城镇居民基本医疗保险制度。城镇居民基本医疗保险实行个人缴费和政府补贴相结合。享受最低生活保障的人、丧失劳动能力的残疾人、低收入家庭六十周岁以上的老年人和未成年人等所需个人缴费部分，由政府给予补贴。城镇中不属于城镇职工基本医疗保险制度覆盖范围的中小学阶段的学生（包括职业高中、中专、技校学生）、少年儿童和其他非从业城镇居民都可自愿参加城镇居民基本医疗保险。城镇居民基本医疗保险实行个人缴费和政府补贴相结合的筹资方式，以个人缴费为主，政府给予适当补贴。对于享受最低生活保障或重度残疾的未成年人参保所需的个人缴费部分，由政府给予补贴。

四、工伤保险

1. 工伤认定

用人单位应当按照本单位职工工资总额，根据社会保险经办机构确定的费率缴纳工伤保险费。职工因工作原因受到事故伤害或者患职业病，且经工伤认定的，享受工伤保险待遇。其中，经劳动能力鉴定丧失劳动能力的，享受伤残待遇。职工因下列情形之一导致本人在工作中伤亡的，不认定为工伤。

（1）故意犯罪。

（2）醉酒或者吸毒。

（3）自残或者自杀。

（4）法律、行政法规规定的其他情形。

2. 用人单位的责任

职工所在用人单位未依法缴纳工伤保险费，发生工伤事故的，由用人单位支付工伤保险待遇。用人单位不支付的，从工伤保险基金中先行支付。从工伤保险基金中先行支付的工伤保险待遇应当由用人单位偿还。用人单位不偿还的，社会保险经办机构可以依照本法第六十三条的规定追偿。由于第三人的原因造成工伤，第三人不支付工伤医疗费用或者无法确定第三人的，由工伤保险基金先行支付。工伤保险基金先行支付后，有权向第三人追偿。

五、法律责任

用人单位不办理社会保险登记的，由社会保险行政部门责令限期改正；逾期不改正的，对用人单位处应缴社会保险费数额一倍以上三倍以下的罚款，对其直接负责的主管人员和其他直接责任人员处五百元以上三千元以下的罚款。

用人单位拒不出具终止或者解除劳动关系证明的，依照《劳动合同法》的规定处理。

用人单位未按时足额缴纳社会保险费的，由社会保险费征收机构责令限期缴纳或者补足，并自欠缴之日起，按日加收万分之五的滞纳金；逾期仍不缴纳的，由有关行政部门处欠缴数额一倍以上三倍以下的罚款。

六、案例分析

案例 6.10

用人单位未依法缴纳工伤保险费，由用人单位支付员工工伤保险待遇

案情：

2013 年 10 月，于某应聘为某家政服务公司的家政服务员；两天以后，于某与该家政公司分店签订了服务协议。协议约定，于某在近一个月的时间内在市民李某处从事一般家务和看护幼儿的服务，每月工资是 3 000 元。协议到期以后，三方又续签了 1 个月的服务协议。11 月 10 日，于某抱着宝宝在室内走动时，不小心摔倒致粉碎性骨折，被鉴定为 9 级伤残。2 万多元的治疗费用和长期无法工作造成家庭生活拮据。于某将家政公司、该家政公司分店和雇主一起告上法院，要求他们共同承担医疗费及误工费、伤残费等共计 81 800 多元。

评析：

法院根据原被告签订的《服务协议书》中的相关条款认为，于某在提供家政服务过程中，受家政公司的指派、调配、监督和管理，已经超过了一个中介方享有的和承担的权利和义务范围，家政公司的行为存在于整个服务的始终。所以认定，于某与家政公司存在一定的人身依附关系，虽未签订劳动协议，应当认定双方存在劳动雇佣关系。法庭认为，根据法律规定，雇员在从事雇佣活动中遭受人身伤害的，雇主应当承担赔偿责任。法院作出判决，家政公司承担80%的赔偿责任，承担于某医疗费15 107元，加上护理费、交通费等各种费用共计63 501元。

注意：《国务院办公厅关于发展家庭服务业的指导意见》（国办发〔2010〕43号）第二十一条规定：以中介名义介绍家政服务员但定期收取管理费等费用的机构，要执行员工制家政服务机构的劳动管理规定。《中华人民共和国社会保险法》第四十一条规定：职工所在用人单位未依法缴纳工伤保险费，发生工伤事故的，由用人单位支付工伤保险待遇。用人单位不支付的，从工伤保险基金中先行支付。从工伤保险基金中先行支付的工伤保险待遇应当由用人单位偿还。用人单位不偿还的，社会保险经办机构可以依照本法第六十三条的规定追偿。《实施〈中华人民共和国社会保险法〉若干规定》第十一条规定：《社会保险法》第三十八条第八项中的因工死亡补助金是指《工伤保险条例》第三十九条的一次性工亡补助金，标准为工伤发生时上一年度全国城镇居民人均可支配收入的20倍。上一年度全国城镇居民人均可支配收入以国家统计局公布的数据为准。职工因工死亡，其近亲属依法从工伤保险基金领取丧葬补助金、供养亲属抚恤金和一次性工亡补助金，丧葬补助金为六个月的统筹地区上年度职工月平均工资。